图的着色问题研究

张桂芝　黄月梅　安永红　著

内 蒙 古 出 版 集 团

内蒙古科学技术出版社

图书在版编目（CIP）数据

图的着色问题研究 / 张桂芝，黄月梅，安永红著.
—赤峰：内蒙古科学技术出版社，2014. 3（2022.1重印）
ISBN 978-7-5380-2399-2

I. ①图… II. ①张… ②黄… ③安… III. ①计算机
图形学—研究 IV. ①TP391.41

中国版本图书馆CIP数据核字（2014）第046818号

出版发行：内蒙古出版集团　内蒙古科学技术出版社
地　　址：赤峰市红山区哈达街南一段4号
邮　　编：024000
邮购电话：(0476) 5888903
网　　址：www.nm-kj.cn
责任编辑：刘冲　许占武
封面设计：永　胜
印　　刷：三河市华东印刷有限公司
字　　数：123千
开　　本：787×1092　1/16
印　　张：5.75
版　　次：2014年3月第1版
印　　次：2022年1月第3次印刷
定　　价：48.00元

前　言

　　图论是研究离散对象二元关系结构的一个数学分支, 其研究对象是图, 图指的是一些点以及连接这些点和线的总体. 通常用点代表事物, 用连接两点的线代替事物之间的关系. 图论是研究事物对象在上述表示法中具有的特征与性质的学科. 它与组合数学、拓扑学、代数学等学科关系密切, 其应用十分广泛, 已经渗透到物理学、化学、电子学、生物学、运筹学、经济学、系统工程以及计算机科学等诸多学科领域, 越来越受到科学界尤其是数学界的重视和关注, 并成为今后相当时期的前沿科学. 图论中很重要的一个研究方向就是图的着色(染色)理论, 图的着色理论内容十分丰富, 且具有广泛的应用背景, 是图论中十分活跃的研究课题. 图的着色包括边着色、顶点着色以及面着色.

　　组合计数理论是组合学中一个最基本的研究方向, 主要研究满足一定条件的安排方式的数目及其计数问题. 特别地, 在研究置换群的性质时引出的Pólya计数定理是组合计数理论中重要的定理. 它是枚举有限结构个数的一个基本工具, 它计算了在一个集合上产生的等价类的个数.

　　图的色轨道多项式是图的色多项式与Pólya计数公式的结合与推广, 为约束条件下的图的着色计数问题提供了所需的工具与方法, 在解决实际问题时也会有广泛的应用. 本书在第三章中给出了色轨道多项式的一些性质, 第四章解决了特殊图在不同约束条件下的着色问题, 第五章给出了色轨道多项式在实际问题中的应用.

　　1957年Berge首次提出n-可扩路的问题, 而自从Plumer于1980年首次引入n-可扩图的概念以来, 一些学者对可扩图的度和、可迹性、Hamilton性等方面进行研究, 并得到一系列成果. 第六章中得到了一个推论和连通的n-可扩图可迹的一个充分条件.

　　Hedetniemi揭示了一个图的色数与直积图色数之间关系的猜想, 将代数思想用于研究图的着色问题. Benoit Larose, Claude Tardif用收缩的观点研究Hedetniemi猜想, 并证明了对两个连通图和顶点传递的射影的核, Hedetniemi猜想的等价命题成立. 第七章中根据以上研究结果及一个图是柱心的充分条件, 证明了对几类特殊的图Hedetniemi猜想等价命题成立.

本书第一章、第三章、第四章由张桂芝编写, 第二章和第五章由安永红编写, 第六章和第七章由黄月梅编写.

本书是内蒙古自治区高等学校科学技术研究项目NJZC14315, 呼伦贝尔学院项目YJQNZC201218、YJYBZC20121224的研究成果.

由于作者水平有限, 编写时间比较匆促, 书中难免存在缺点和错误, 恳请读者批评指正.

作者

2013-10-01

目　　录

第一章 绪 论

1.1 图论的发展历程

图论是研究离散对象二元关系中关系结构的一个数学分支,其研究对象是图,图指的是一些点以及连接这些点的线的总体. 通常用点代表事物,用连接两点的线代表事物之间的关系,图论则是研究事物对象在上述表示法中具有的特征与性质的学科. 它与组合数学、拓扑学、代数学等学科关系密切,其应用十分广泛,已经渗透到物理学、化学、电子学、生物学、运筹学、经济学、系统工程以及计算机科学等诸多学科领域,越来越受到科学界尤其是数学界的重视和关注,并成为今后相当时期的前沿科学. 图论的产生和发展经历了两百多年的历史,大体上可以划分为三个阶段:

第一阶段是从1736年到19世纪中叶,这时的图论处于萌芽状态,多数问题都是围绕着游戏而提出并加以归纳为数学问题. 柯尼斯堡的七桥问题是图论在萌芽时期最具有代表性的问题. 18世纪普鲁士的柯尼斯堡的七桥问题:当地的居民想知道能否从任意一陆地出发,走遍连接该地的7座桥又回到原地? 其条件是每座桥都经过一次. 很多人都曾试验过,但都失败了. 1736年瑞士数学家欧拉把七桥问题化为一个数学问题,提出了一笔画问题并给出其判断准则,从而判定七桥问题不存在解. 他发表的关于七桥问题的论文被公认为是图论历史上的第一论文且图论作为一个独立的学科出现的标志,也使Euler成为了图论和拓扑学的创始人.

第二阶段从19世纪中叶到1936年. 这个时期中出现了大量的图论问题以及一批精彩的结果,如四色问题(1852年)、哈密顿(Hamilton)问题(1856年)、Menger定理(1927年)、Kuratowski(1930年)定理和Ramsey(1930)定理,并且逐步将图论问题应用于解决其他领域中的某些难题. 最有代表性的工作是基尔霍夫(Kirchhoff, 1847年)和凯莱(Cayley, 1857年)分别用树的概念去研究电网络和有机化合物的分子结构. 1936年,匈牙利数学家柯尼希写出了第一本图论专著《有限图与无限图的理论》. 图论作为数学的一个新分支已基本形成.

从1936年以后是第三阶段, 由于生产管理、军事、交通运输、计算机和通讯网络等方面许多离散性问题的出现, 使得图论领域的研究呈现出蓬勃发展的趋势. 随着计算机技术的迅猛发展, 图论的研究也注入了新的活力, 利用计算机技术解决图论问题成为一个令人感兴趣的研究方向. 1976年, 美国的Appel和Haken等人借助计算机证明了困扰人们一百多年的著名的图论难题——四色问题.

1.2 图着色问题的发展

图论中很重要的一个研究方向就是图的着色(染色)理论, 图的着色理论内容十分丰富, 且具有广泛的应用背景, 是图论中十分活跃的研究课题. 图的着色包括边着色、顶点着色以及面着色.

图的着色问题是起源于1852年Morgan写给朋友Hamilton的一封信, 其中提到他的一个学生发现英国地图可以用4种颜色去染, 使得有共同边界的地区着上不同的颜色. 更广泛地说, 对于平面的任何地图染多少颜色是最少可能的? 1878年Cayley首先作为一个公开问题宣布. Kempe (肯普)首先宣称他给出一个证明说是四种颜色就可以了(FCP, 四色定理的起源). 1890年Heawood(赫伍德)宣称他发现了Kempe证明中的一个错误, 不过他使用Kempe的方法可以轻而易举证明一个平面图是5-可着色的, 即五色定理. 1976年, Appel和Hakcn给出了四色定理一个证明, 这也是第一次使用计算机来做数学证明. 后来, Robertson, Seymour等在给出一个FCP证明, 减少了计算机的计算量. 人们还在等待着FCP证明完全由组合方法给出的证明.

尽管迄今为止仍没有得到非计算机的理论证明, 但是人们在解决四色猜想问题的过程中所得出的思想、方法和技巧远远超出了解决四色问题的最初目的, 并且为图论理论宝库增添了一个又一个的精彩结果. 1912年Birkhoff为解决四色问题首次引进色多项式的概念, 1932年Whitney进一步将此概念扩充到任意图上, 并建立了一些基本结果, 其后关于色多项式的研究深入开展, 积累了许多成果, 并产生不少新课题. 诸如, 对色多项式系数的研究, 如何去判断一个多项式是否是色多项式以及图的色唯一性等等, 成为图论中一个热门研究领域. 人们一直都热衷于色多项式系数的研究, 目的是想找出什么样的多项式是色多项式, 有关色多项式系数的一些结论总结如下:

1. 设 G 是含 m 条边的 n 阶图, 则

(1) $\chi(G,k)$ 是 n 次多项式;

（2）$\chi(G,k)$ 中 k^n 的系数为1；

（3）$\chi(G,k)$ 中 k^{n-1} 的系数为 $-m$；

（4）$\chi(G,k)$ 中常数项为0；

（5）$\chi(G,k)=\prod\chi(G_i,k)$，式中 G_i 是 G 的第 i 个连通分支；

（6）$\chi(G,k)$ 中系数非零的最低次幂是 G 的连通分支数.

2. G 是一个图，有 n 个顶点，$m\,(m\geq1)$ 条边，则 $\chi(G,k)$ 中一定含有 $k(k-1)$ 的因式.

3. 令 G 是一个图，n 个顶点，$m\,(m\geq1)$ 条边，则 $\chi(G,k)$ 中系数的和为零.

4. 若图 G 的色数是 k，当 $m\geq k$ 时；则 $0,\cdots,m-1$ 是图 G 的色多项式的根.

5. 图的色多项式无负根.

生活及科学领域中许多问题的数学模型都可以用图的形式来建立，然后对图中某些对象按照一定规则进行分类，而这种分类方法的一种简单而直观表达方式就是染色. 再如：解决时间表问题、排课程表问题、交通状态和运输安排等等实际问题. 所以染色问题在组合分析和实际生活中有着广泛的应用，是图论研究中一个很活跃的课题，得到了许多有趣而实用的结果. 同时又拓展出一些新的分支. 比如，除了经典的点染色，边染色之外，（点边）全染色，列表染色，点强全染色，强边染色，邻强边染色，关联染色，距离面染色，区间染色，子染色.

1.3 组合数学及其特点

组合数学，属于离散数学的范畴，但有时人们也把组合数学和图论加在一起算成是离散数学. 组合数学主要研究离散对象在给定条件下的安排或配置，即研究在给定的条件下离散对象集合的计数和枚举. 组合数学是一门古老而又新兴的数学分支，我国古人早在"河图、洛书"中已对一些有趣的组合问题给出了正确的解答. 近代随着计算机的出现，组合数学这门学科得到了迅猛的发展，成为了一个重要的数学分支. 组合数学的发展改变了传统数学中分析和代数占统治地位的局面. 现代数学可以分为两大类：一类是研究连续对象的，如分析、方程等；另一类就是研究离散对象的组合数学.

组合数学包含着十分丰富的内容，按其所研究问题的类型划分，可分为组合计数理论、组合设计、组合矩阵论、图论、组合优化等五方面. 组合计数理论研究满足一定条件的安排方式的数目及其计算问题，这是组合数学中最基本的研究方向. 组合设计研究满足某些特定要求的组态（子集系）的存在性和构造问题. 组合矩阵论研究矩阵的组合性质，即矩阵的那些仅与零元素位置分布有关, 而与非零元的具体数值无关的那些性质, 它可作为许多组合对象的代数表示, 图论研究用点线联系表示的组合结构——图的性质, 探讨它们的各种结构参数. 组合优化是在所论安排具有某种最优标准寻求和构造最优安排问题, 它又是运筹学的一个分支, 前四个方面常常相互渗透. 例如, 周知的匹配问题既可用矩阵语言描述, 又可用图论方法讨论, 还涉及组合计数多项式. 组合数学有四个明显特点:

(1) 组合问题的广泛性, 涉及的学科多。例如, 反映三维空间中多面体的顶点数、棱数和面数之间关系的Euler公式就是几何中的组合问题。碳氢化合物C_nH_{2n+2}的同分异构物, 用组合图论分析的结果在化学实验中得到了证实, 引出了专著《图论在化学中的应用》. 信息编码、电路设计、生产管理系统等问题, 都要用到组合计数和组合设计知识.

(2) 问题提法的简易性和问题解决的复杂性. 许多组合计数问题可表述得简明易懂, 但要寻求一个有效的枚举方法, 却要用到函数论中的Taylor展式和其他高级运算. 一些组合设计问题就像数学游戏那样通俗, 但构作起来却需要矩阵和群论等代数工具, 有时还要用计算机做大量的计算.

(3) 问题求解的多途径性. 同一个组合计数问题, 可从不同角度观察, 得出几个计算公式, 从而推出许多组合恒等式, 一个组合设计问题, 可用矩阵方法求解, 也可用图论方法求解, 显示多方位的协调性.

(4) 问题的趣味性和结论的优美性. 这就诱导人们去探索, 许多形式漂亮的组合结论已渗入数学的其他分支中. 组合论专家F. Harary说过: "组合数学中的计算方法与其说是一门科学, 还不如说它是一种艺术", 这就揭示了该学科的特点.

组合数学的发展大致分为以下几个阶段:

第一阶段是17世纪60年代前, 代表性的工作是1665年帕斯卡提出的 "论算术三角形" 和1666年莱布尼茨给出的 "论组合的艺术". 这期间的主要研究内容是排列和组合的计算公式、排列数之间的一些等式关系、整数的分拆等问题. 这两部著作给出了组合数学的最基本的计算公式和原则, 这也意味着组合数学作为数学的一门学科已具有雏形.

第二阶段是17世纪60年代至20世纪60年代. 这期间组合数学的研究内容、研究方法, 在其他学科中的应用等有了很大的发展. 这期间的代表作有1901年德国数学家内析 (E.Nett) 的第一本组合数学教材《组合数学教程》, 英国数学家马洪 (P.A.Macmahon) 的两大卷《组合分析》, 爱多士 (P.Erdos) 的论文集《计数的艺术》等. 1936年英国统计学家费舍尔 (R.A.Fisher) 等人成功地应用正交拉丁方到麦田统计实验中, 这很大地促进了现代组合数学的形成.

　　第三阶段是20世纪60年代至今,罗塔(G.Carlorota)对现代组合数学的建立做出了重要工作.罗塔呼吁建立组合数学这门学科、组织讨论班、编辑组合数学论文、组织召开组合数学会议、创立专门的学术刊物等等.罗塔和他的同事们发表了现代组合数学的基础性论文10篇.1958年在美国哥伦比亚召开了第十届应用数学会议,会后美国数学会出版了一本《组合分析》.1965年创立了组合数学的专门期刊《组合理论期刊》(Journal of Combinatorial Theory).1969年在牛津大学召开了第一届组合数学的专门会议.

　　60年代后组合数学逐渐发展成了一个独立的数学分支.由于组合数学在其他学科中的重要应用,后续又发展了一些新的数学分支,如组合几何、组合矩阵、组合拓扑、组合代数等等.

　　组合数学不仅在基础数学研究中具有极其重要的地位,在其他的学科中也有重要的应用,如在计算机科学、编码和密码学、物理、化学、生物等学科中均有重要应用.微积分和近代数学的发展为近代的工业革命奠定了基础,而组合数学的发展则是奠定了20世纪的计算机革命的基础.当今计算机科学界的最权威人士很多都是研究组合数学出身的.美国最重要的计算机科学系都有第一流的组合数学家.计算机科学通过对软件产业的促进,带来了巨大的效益.组合数学在国外早已成为十分重要的学科,甚至可以说是计算机科学的基础.一些大公司,如IBM、AT&T都有全世界最强的组合研究中心.Microsoft 的Bill Gates近来也在提倡和支持计算机科学的基础研究.美国政府也成立了离散数学及理论计算机科学中心DIMACS(与Princeton大学、Rutgers大学、AT&T 联合创办的,设在Rutgers大学),该中心已是组合数学理论计算机科学的重要研究阵地.美国国家数学科学研究所(Mathematical Sciences Research Institute)在1997年选择了组合数学作为研究专题,组织了为期一年的研究活动.日本的NEC公司还在美国设立了研究中心,理论计算机科学和组合数学已是他们重要的研究课题,该中心主任R. Tarjan即是组合数学的权威.美国另外一个重要的国家实验室Sandia国家实验室有一个专门研究组合数学和计算机科学的机构,主要从事组合编码理论和密码学的研究,在美国政府以及国际学术界都具有很高的地位.由于生物学中的DNA的结构和生物现象与组合数学有密切的联系,各国对生物信息学的研究都很重视,这也是组合数学可以发挥作用的一个重要领域.由于DNA就是组合数学中的一个序列结构,美国科学院院士,近代组合数学的奠基人Rota教授预言,生物学中的组合问题将成为组合数学的一个前沿领域.

　　由于计算机软件的促进和需求,组合数学已成为一门既广博又深奥的学科,需要很深的数学基础,逐渐成为了数学的主流分支.20世纪公认的伟大数学家盖尔芳德预言组合数学和几何学将是21世纪数学研究的前沿阵地.这一观点得到了国际数学界的赞同,我国数学界更是对此高度赞同和响应.

加拿大在Montreal成立了试验数学研究中心,他们的思路可能和吴文俊院士的数学机械化研究中心的发展思路类似,使数学机械化、算法化,不仅使数学为计算机科学服务,同时也使计算机为数学研究服务.吴文俊院士指出,我国传统数学中本身就有浓厚的算法思想.今后的计算机要向更加智能化的方向发展,其出路仍然是数学的算法和数学的机械化.另外的一个有说服力的现象是,组合数学家总是可以在大学的计算机系或者在计算机公司找到很好的工作,一个优秀的组合数学家自然就是一个优秀的计算机科学家.因此,美国所有大学计算机系都有组合数学的课程.

除上述以外,欧洲也在积极发展组合数学,英国、法国、德国、荷兰、丹麦、奥地利、瑞典、意大利、西班牙等国家都建立了各种形式的组合数学研究中心.近几年,南美国家也在积极推动组合数学的研究.澳大利亚、新西兰也组建了很强的组合数学研究机构.值得一提的是,亚洲的发达国家和地区也十分重视组合数学的研究.日本有组合数学研究中心,并且从美国引进人才,不仅支持日本国内的研究,还出资支持美国的有关课题的研究,这样使日本的组合数学这几年的发展极为迅速.我国台湾、香港两地也从美国引进人才,大力发展组合数学.新加坡、韩国、马来西亚也在积极推动组合数学的研究和人才培养.台湾的数学研究中心也正在考虑把组合数学作为重点方向来发展.世界各地对组合数学如此钟爱显然是有原因的,那就是没有组合数学就没有计算机科学,没有计算机软件.

1.4 关于色轨道多项式的研究

组合计数理论是组合学中一个最基本的研究方向,主要研究满足一定条件的安排方式的数目及其计数问题.特别地,在研究置换群的性质时引出的Pólya计数定理是组合计数理论中重要的定理.它是枚举有限结构个数的一个基本工具,它计算了在一个集合上产生的等价类的个数.

Pólya计数定理最初是为了解决化学碳水化合物的计数.19世纪60年代,英国化学家布朗给出了较为适用的用图表表示分子结构的方法,和现如今所用的分子结构式本质相同.布朗的方法第一次解释了同分异构现象.这很自然的导致同分异构体的计数问题.1875年,Caley曾运用树图并应用生成函数给出过有关化学碳水化合物计数的方法,但此法复杂难懂,计算费力且不实用.1937年,Pólya发表了长达一百多页的著名论文《关于群,图与化学化合物的组合计数方法》，论文中 Pólya 把生成函数的经典方法和置换群理论中的基本结果相结合，推出了 Pólya 计数定理，为一大类计数问题提供了有效地解决方法. 这篇论文是他的关于计数研究工作的巅峰之作，也是图的计数理论的奠定之作. Pólya 计数理论，不仅是图的计数理论发展史上的一座里程碑，更是组合学历史中的一座丰碑，甚至在整个现代数学领域中也占有一席之地. Burnside 引理解决的是在一个群作用下集合等价类的技术问题. 结合图的对称性，将图形数目的计数问题转化为在群作用下集合等价类的计数问题. 利用 Burnside 引理可以推出 Pólya 计数定理.

De Bruijn 定理是 Pólya 定理的推广. 它从两个方向推广了 Pólya 定理，一是利用组合学中的另一有力工具——麦比乌斯反演——去计算一般有限群作用下的轨道；二是把 Pólya 定理纳入群不变量理论的架构，变成是某条定理的特殊情况.2000年内蒙古大学的杜清晏教授首次提出色轨道多项式概念[8]，它是图的色多项式和 Pólya 计数公式的结合与推广，它为约束条件下图的着色计数问题提供了所需的工具与方法. 色轨道计数理论在解决实际问题时也会有广泛的应用. 而目前关于图的轨道计数多项式的研究并不多，只是在文献[8]中引入了色轨道多项式，定义了相关的概念诸如 P - 图、SC - 图等，给出了此多项式的表达式及计算方法，讨论了色轨道多项式的一些性质，并利用此方法解决了项链问题的具体计数公式. 文献[9]中又引入了色权轨道多项式，它是色轨道多项式的推广. 在文献[7]中 Cameron 研究了轨道的流多项式，轨道的势差多项式及其轨道的 Tutte 多项式. 更多关于图的着色问题与组合计数问题的研究情况可参考本文的其他文献.

1.5 本书主要研究内容

第一章简要介绍了本文所研究课题的发展历程、发展现状以及研究意义.

第二章给出了本文所涉及到的图论、近世代数、组合数学、数论中的一些基本概念与基本定理.

第三章讨论了色轨道多项式以及局部标定图的色轨道多项式的相关性质.

第四章解决了特殊图，如：正六面体, 正棱柱图, 棱柱图, 广义 Peterson 图 $GP(n, 2)$, 双轴轮图, Möbius 梯等, 在不同约束条件下的着色问题.

第五章给出了色轨道多项式在化学上的一些应用.

第六章根据图中三点独立集的度和得到了连通的 n–可扩图可迹性的一个充分条件.

第七章证明了对几类特殊的图 Hedetniemi 猜想等价命题成立.

第二章　预备知识

2.1 关于图的基本概念

本章主要介绍图论的基本概念、基本性质, 详见文献[1,2].

2.1.1 图的定义与术语

定义　二元组(V, E)称为图(graph). V为顶点(node)或顶点(vertex)集. E为V中顶点之间的边的集合.

点对(u, v)称为边(edge)或称弧(arc), 其中$u, v \in V$, 称u, v是相邻的(adjacent), 称u,v与边(u, v)相关联(incident)或相邻.

若边的点对(u, v)有序则称为有向(directed)边, 其中u称为头(head), v称为尾(tail). 所形成的图称有向图(directed graph). 为对于u来说(u, v)是出边(outgoing arc); 对于v来说(u, v)是入边(incoming arc). 反之, 若边的点对无序则称为无向(undirected)边, 所形成的图称无向图(undirected graph).

阶(order): 图G中顶点集V的大小称作图G的阶.

环(loop): 若一条边的两个顶点为同一顶点, 则此边称作环.

简单图(simple graph): 没有环且没有多重弧的图称作简单图.

定向图: 对无向图G的每条无向边指定一个方向得到的有向图.

底图: 把一个有向图的每一条有向边的方向都去掉得到的无向图.

逆图: 把一个有向图的每条边都反向由此得到的有向图.

竞赛图(tournament): 有向图的底图是无向完全图, 则此有向图是竞赛图.

邻域(neighborhood): 在图中与u相邻的点的集合$\{v \mid v \in V, (u, v) \in E\}$, 称为u的邻域, 记为$N(u)$.

度(degree): 一个顶点的度是指与该边相关联的边的条数, 顶点v的度记作$\deg(v)$. 握手

定理: 无向图: $\sum_{v \in V} \deg(v) = 2 |E|$; 有向图: $\sum_{v \in V} \deg^+(v) = \sum_{v \in V} \deg^-(v)$.

入度 (indegree): 在有向图中, 一个顶点v的入度是指与该边相关联的入边 (即边的尾是v) 的条数, 记作 $\deg^+(v)$.

出度 (outdegree): 在有向图中, 一个顶点的出度是指与该边相关联的出边 (即边的头是v) 的条数, 记作 $\deg^-(v)$.

孤立点 (isolated vertex): 度为0的点. 叶 (leaf): 度为1的点.

源 (source): 有向图中, $\deg^+(v)=0$ 的点. 汇 (sink): 有向图中, $\deg^-(v)=0$的点.

奇点 (odd vertex): 度为奇数的点. 偶点 (even vertex): 度为偶数的点.

2.1.2 路径与回路

途径 (walk): 图G中一个点边交替出现的序列 $p = v_{i_0} e_{i_1} v_{i_1} e_{i_2} \cdots e_{i_k} v_{i_k}$, 满足 $v_{i_j} \in V, e_{i_j} \in E$, $e_{i_j} = (v_{i_{j-1}}, v_{i_j})$.

迹 (trail): 边不重复的途径.

路 (path): 顶点不重复的迹.

简单图中的路可以完全用顶点来表示, $P = v_{i_0} v_{i_1} \cdots v_{i_k}$. 若 $p_1 = p_m$, 称闭的 (closed); 反之, 称为开的 (open).

闭途径 (closed walk): 起点和终点相同的途径.

闭迹 (closed trail): 起点和终点相同的迹, 也称为回路 (circuit).

圈 (cycle): 起点和终点相同的路.

途径 (闭途径)、迹 (闭迹)、路 (圈) 上所含的边的个数称为它的长度 (length).

简单图G中长度为奇数和偶数的圈分别称为奇圈 (odd cycle) 和偶圈 (even cycle).

对任意 $u, v \in V(G)$, 从x到y的具有最小长度的路称为x到y的最短路 (shortest path), 其长度称为x到y的距离 (distance), 记为 $d_G(u, v)$.

图G的直径 (diameter): $D = \max\{d_G(u, v) | \forall u, v \in V(G)\}$.

简单图G中最短圈的长度称为图G的围长 (girth), 最长圈的长度称为图G的周长 (perimeter).

2.1.3 连通性

连通 (connected): 在图G中, 两个顶点间, 至少存在一条路径, 称两个顶点连通的 (connected); 反之, 称非连通 (unconnected).

强连通 (strongly connected): 在有向图G中, 两个顶点间, 至少存在一条路径, 称两个顶点强连通.

弱连通（weakly connected）：在有向图G中，两个顶点间，若不考虑G中边的方向的图才连通的，称原有向图为弱连通.

连通图（connected graph）：图G中任两个顶点都连通.

连通分量或连通分支（connected branch, component）：非连通无向图的极大连通子图（maximally connected sub-graph）. 具体说，若图G的顶点集$V(G)$可划分为若干非空子集$V_1, V_2, \cdots, V_\omega$，使得两顶点属于同一子集当且仅当它们在G中连通，则称每个子图$G[V_i]$为图G的一个连通分支（$i = 1, 2, \cdots, \omega$）. 图G的连通分支是G的一个极大连通子图. 图G连通当且仅当$\omega = 1$.

记号$[S, S']$表示一端在S中另一端在S'中的所有边的集合.

块（block）是指没有割点的极大连通子图.

2.1.4 基本图例

先给出图论中的一些特殊的图：

孤立点（isolated vertex）：图中度为零的点.

零图（null graph）：$E = \varnothing$，即只有孤立点的图. n阶零图记为N_n.

平凡图（trivial graph）：只由一个孤立点构成的图.

空图（empty graph）：$V = E = \varnothing$的图.

正则图（regular graph）：如果图中所有顶点的度皆相等，则此图称为正则图.

有向无环图（directed acyclic graph（DAG））：有向的无环的图.

完全图（complete graph）：任何两个顶点都相互邻接的简单图n阶完全图常记作K_n.

图2-1中的几个图是常用的几个完全图. 显然，K_n是$(n-1)$度正则图.

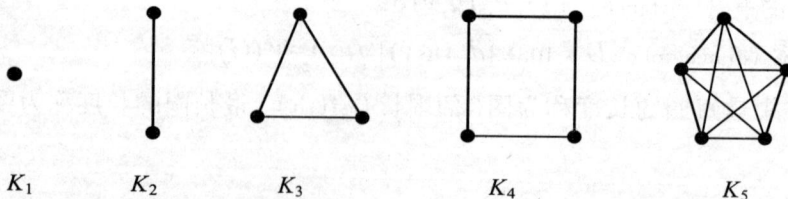

| K_1 | K_2 | K_3 | K_4 | K_5 |

图 2-1

二分图（bipartite graph）：若图G的顶点集可划分为两个非空子集X和Y，即$V = X \cup Y$且$X \cap Y = \varnothing$，且每一条边都有一个顶点在X中，而另一个顶点在Y中，那么这样的图称作二分图.

完全二分图（complete bipartite graph）：二分图G中若任意两个X和Y中的顶点都有边相连，则这样的图称作完全二分图. 若$|X| = m, |Y| = n$，则完全二分图G记作$K_{m,n}$.

图2-2中（a）和（b）都是二部图，其中（a）图的黑点属于一部，其余顶点属于另一部，（b）图是$K_{3,3}$.

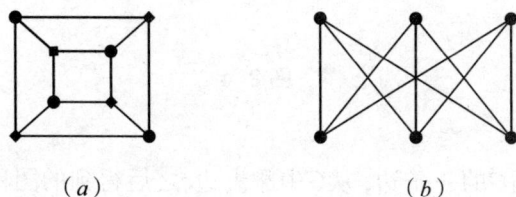

（a）　　　　　　　　　　（b）

图 2-2

类似地，可以定义有向完全图.每对顶点u和v之间皆有边(u,v)和(v,u)联结的简单有向图称为有向完全图.每对顶点u和v之间恰有一条边(u,v)或(v,u)联结的简单有向图称为竞赛图.图2-3（a）是三阶有向完全图，（b）是四阶的竞赛图.

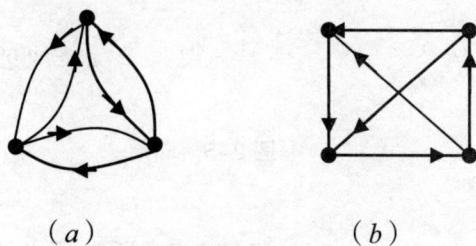

（a）　　　　　　　　　　（b）

图 2-3

2.1.5 子图与补图

子图（sub-graph）：G'称作图G的子图，如果$V(G') \subseteq V(G)$以及$E(G') \subseteq E(G)$.

由一个图产生其子图的方法.

删点子图：设v是图G的一个顶点，从G中删去顶点v及其关联的全部边以后得到的图，称为G的删点子图，记为$G-v$, 图2-4是图G及其删点子图的例子. 一般地，设$S = \{v_1, v_2, \cdots, v_k\}$

是 $G = (V, E)$ 的顶点集V的子集, 则 $G - \{v_1, v_2, \cdots, v_k\}$ 就是从G中删去顶点 $v_1, v_2, \cdots, v_k$ 以及它们关联的全部边后得到的G的删点子图, 也可以简记为G–S.

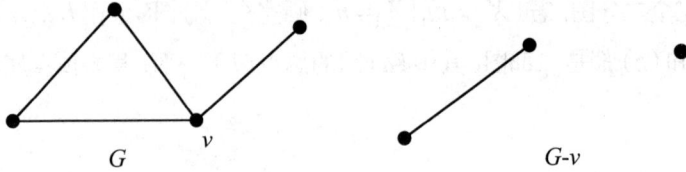

图 2–4

删边子图: 设 e 是图G的一条边, 从G中删去边 e 之后得到的图称为G的删边子图, 记为 $G - e$. 一般地, 设 $T = \{e_1, e_2, \cdots, e_t\}$ 是 $G = (V, E)$ 的边集E的子集, 则G-T就是从 G 中删去T中的全部边以后得到的图. 图2–5是删边子图的例子.

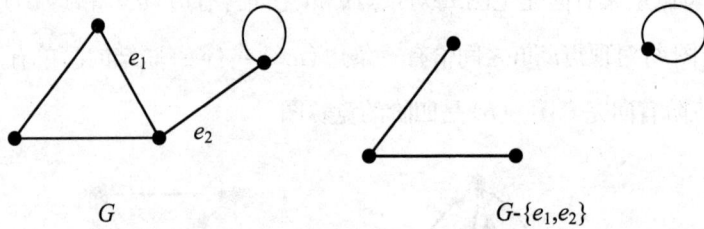

图 2–5

生成子图 (spanning sub-graph): 即包含G的所有顶点的连通子图, 即满足条件 $V(G') = V(G)$ 的G的子图 G'.

生成树 (spanning tree): 设T是图G的一个子图, 如果T是一棵树, 且 $V(T) = V(G)$, 则称T是G的一个生成树. 即G的生成子图, 且子图为树.

点导出子图 (induced subgraph): 设 $V' \subseteq V(G)$, 以 V' 为顶点集, 以两端点均在 V' 中的边的全体为边集所组成的子图, 称为G的由顶点集 V' 导出的子图, 简称为G的点诱导子图, 记为 $G[V']$. 图2–6是点诱导子图的一个例子.

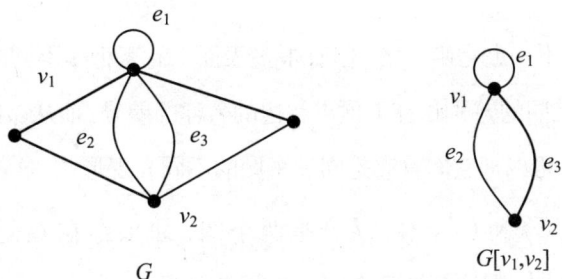

图 2-6

边导出子图（edge-induced subgraph）：设 $E' \subseteq E(G)$ ，以 E' 为顶点集，以两端点均在 E' 中的边的全体为边集所组成的子图，称为 G 的由边集 E' 导出的子图，简称为 G 的边导出子图，记为 $G[E']$ ．

边诱导子图：例如图 2-6 中点诱导子图 $G(\{v_1, v_2\})$ 也可以看成是边诱导子图 $G(\{e_1, e_2, e_3\})$ ．

图的补图（complement）：设 G 是一个图，以 $V(G)$ 为顶点集，以 $\{(u,v) \,|\, (u,v) \notin E(G)\}$ 为边集的图称为 G 的补图，记为 $\overline{G}$ ．

点集的补集：记 $\overline{V'} = V - V'$ 为点集 V' 的补集．

显然，$\overline{G}$ 可以看成是某完全图 K_n 的删边子图 $K_n - E$ ．图 2-7 是一个图及其补图的例子．

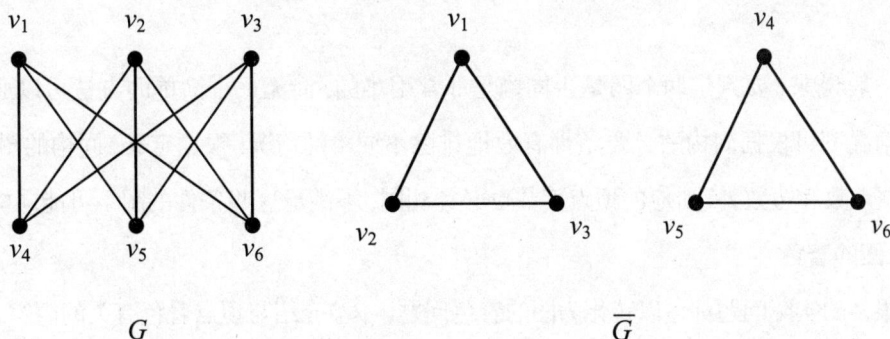

图 2-7

上面定义过的删点子图、删边子图、点诱导子图和边诱导子图，对于有向图同样适用．

13

2.1.6 图的同构

一个图的图形表示不一定是唯一的, 但有很多表面上看来似乎不同的图却可以有着极为相似图形表示, 这些图之间的差别仅在于顶点和边的名称的差异, 而从邻接关系的意义上看, 它们本质上都是一样的, 可以把它们看成是同一个图的不同表现形式. 这就是图的同构概念.

定义 设 $G = (V, E)$ 和 $G' = (V', E')$ 是两个图, 如果存在双射 $\varphi : V \to V'$, 使得 $uv \in E \Leftrightarrow \varphi(u)\varphi(v) \in E'$, 则称 G 和 G' 同构, 并记之为 $G \cong G'$.

这个定义也适用于有向图, 只需在边的表示法中作相应的代换就行了.

图2-8中两个图形代表的图是同构的. 因为存在着双射 φ, 使 $\varphi(v_i) = u_{i+3}$ ($1 \leq i \leq 8, i \neq 5$, 这里下标是在mod8的意义下确定的), $\varphi(v_5) = u_1$.

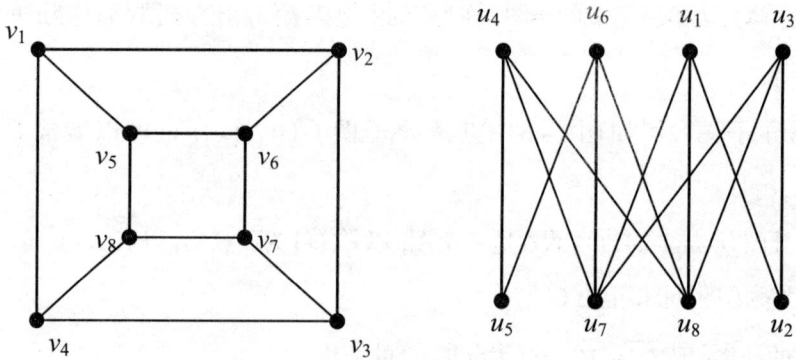

图 2-8

一般说来, 要判定两个图是否同构是非常困难的, 尚无一个简单的方法可以通用. 但在某些情况下可根据同构的必要条件有效地排除不同构的情况. 根据定义, 同构的图除了有相同的顶点数和边数外, 对应的顶点度数也必须相同, 不满足这些条件的图不可能同构.

2.1.7 图的着色

很多的实际问题都可以转化为图的着色问题, 本节介绍与顶点着色有关的内容.

先给出图的点着色的定义及相关性质.

定义 图 G 的正常顶点着色(简称点着色)是指对 G 的每个顶点施以一种颜色, 使得任何两个相邻顶点着有不同的颜色. 如果对 G 点着色用了 k 种颜色, 则称 G 是可以 k-点着色的.

图 G 点着色所需要的最少颜色数目, 称为 G 的点色数, 记为 $\chi(G)$.

对于结构比较规则和简单的图, 容易根据定义确定它们的点色数.

(1) $\chi(G) = 1$ 当且仅当 G 是零图.

(2) $\chi(G) = 2$ 当且仅 G 是二部图.

(3) $\chi(K_n) = n$.

(4) $\chi(C_n) = \begin{cases} 2, & \text{当} n \text{是偶数,} \\ 3, & \text{当} n \text{是奇数.} \end{cases}$

对于一般的图, 还没有简单易行的方法去确定色数, 下面介绍色数的一个上界.

定理 若 G 是简单图, 则 $\chi(G) \leqslant \Delta(G) + 1$.

定义 设 $G = (V, E)$ 是一个图, $S \subseteq V$ 若对任何 $u, v \in S$, 都有 $uv \notin E$, 则称 S 是 G 的一个点独立集（或简称独立集）; 若对 G 的任何独立集 T, 都有 $S \not\subset T$, 则称 S 是 G 的一个极大独立集. 特别地, 称具有最大基数的独立集为最大独立集.

图 G 中最大独立集的基数称为 G 的独立数, 记为 $\alpha(G)$.

类似地, 可以定义边独立集. 图的一组两两互不邻接的边（非环）称为边独立集. 基数最大的边独立集称为最大边独立集, 其基数称为边独立数, 记为 $\alpha'(G)$. 容易知道, 图 G 的点着色可以确立其顶点集 V 上的一个二元关系.

$R : (u, v) \in R$ 当且当 u 和 v 着以同一种颜色, 由此可以得到 V 的一个分划 $\{V_1, V_2, \cdots, V_k\}$, 其中每个分块 V_i 都是 G 的一个点独立集. 反过来, 若 $\{V_1, V_2, \cdots, V_p\}$ 是 V 上对应于点独立集的一个分划, 则可由此确定 G 的一种着色法. 显然, 图 G 的色数就是将顶点集 V 关于独立集作分划时, 分划块为最少时的数目. 因此, 求图的色数的途径之一就是求具有最小基数的独立集分划.

定理 令 G 是色数为 k 的图, 则存在下述着色方式:

(1) 着第一种颜色的顶点构成 G 的一个极大独立集 M_1;

(2) 对每个 $i > 1$, 着第 i 种颜色的顶点构成 $G - M_1 - M_2 - \cdots - M_{i-1}$ 的极大独立集 M_i.

接下来再介绍图的色多项式的定义及相关定理.

色多项式 (chromatic polynomial) 假设 G 是一个图, 且 $\chi(G, x)$ 是计算至多用 x 种颜色对图 G 进行着色的方法数量, $\chi(G, x)$ 是一个多项式, 称为色多项式.

容易看出当 $G = K_n$（n 阶完全图）时,

$$\chi(G, x) = x(x - 1)(x - 1) \cdots (x - n + 1).$$

当 $G = N_n$ （ n 阶空图）时, $\chi(G,x) = x^n$.

定理 假设 G 的顶点集划分成互不相交的集合 W_1 和 W_2, 且设 G_1 和 G_2 分别是由 W_1 和 W_2 生成的子图.假设在 G 中, 没有 W_1 的顶点和 W_2 的顶点相连的边.于是, 有

$$\chi(G,x) = \chi(G_1,x)\chi(G_2,x).$$

定理 若 G 是简单图, 则对 G 的任一边 e, 都有

$$\chi(G,x) = \chi(G-e,x) - \chi(G \circ e,x).$$

2.2 置换群与计数定理

为了引进色轨道多项式的概念, 还需介绍一些置换群与计数定理.

定义 设 A 是非空集合, $R \subseteq A \times A$ 且 $R \neq \varnothing$,则 R 称为集合 A 上的一个关系.

定义 设 R 是集合 A 上的一个关系, $(a,b) \in A \times A$, 如果 $(a,b) \in R$, 则称 a 与 b 有关系 R , 记为 aRb ; 如果 $(a,b) \notin R$, 则称 a 与 b 没有关系 R , 记为 $a\bar{R}b$.

定义 设 R 是集合 A 上的一个关系且满足以下三个条件:

（1） R 是自反的, 即: 对于任一 $a \in A$ 都有 aAa ;

R 是对称的, 即: 对任意 $a,b \in A$, 只要 aRb 成立, 就有 bRa ;

R 是传递的, 即: 对任意 $a,b,c \in A$, 只要 aRb, bRc 同时成立, 就有 aRc , 则 R 称为集合 A 上的一个等价关系.

定义 设 R 是集合 A 上的一个等价关系, 令

$[a]_R = \{b \mid b \in A, aRb\}$ ($a \in A$) , $[a]_R$ 称为集合 A 上的由 a 确定的 R -等价类.

定义 设 G 是非空集合, $\circ$ 是 G 的一个二元运算（即 $G \times G \to G$ 的一个映射）

则称 G 具有二元运算 $\circ$ 的一个代数系, 记为 $(G, \circ)$.

定义 设 $(G, \circ)$ 是一个代数系, 如果

（1）在 $(G, \circ)$ 中运算 $\circ$ 满足结合律;

（2） $(G, \circ)$ 有单位元;

（3） G 中每一元在 $(G, \circ)$ 中都有逆元.

则称 $(G, \circ)$ 是一个群（group）.

变换群（transformation group）: 集合 A 的若干个一一变换对于规定的乘法作成的群, 称为 A 的变换群.

变换群的一个特例叫做置换群.

置换（permutation）：有限集合的一个——变换称为置换.

对称群（symmetric group）：一个含有 n 个元素的集合的全体置换作成的群称为 n 次对称群，记为 S_n.

置换群（permutation group）：一个有限集合的若干个置换作成的群称为置换群.

定理 n 次对称群 S_n 的阶是 $n!$.

k -循环置换：S_n 的元素 a_{i_1} 变到 a_{i_2} ，a_{i_2} 变到 a_{i_3} ，$\cdots$ ，a_{i_k} 变到 a_{i_1} ，而使其余元素都不变的置换称为 k -循环置换，记为 $(i_1, i_2, \cdots, i_k)$.

定理 每一个 n 个元的置换 π 都可以写成若干个不相交的循环置换的乘积.

下面再给出群对集合作用的概念.

定义 设 $(G, \circ)$ 是有限群，其单位元为 e ，X 是有限集.又设 f 是由 $G \times X$ 到 X 的一个映射，对任意的 $(g, x) \in G \times X$ ，$f((g, x))$ 记为 gx.如果

(1) 对任意的 $x \in X$ ，都有 $ex = x$ ；

(2) 对任意的 $g, h \in G, x \in X$ ，都有

$$(h \circ g)x = h(g(x));$$

则称群 $(G, \circ)$ 作用在集合 X 上.

令 $R_G = \left\{ (x, y) \mid (x, y) \in X \times X, 且存在 g \in G 使得 y = gx \right\}$ ，则称 X 上的关系 R_G 为 G 关系.

定理 设有限群 $(G, \circ)$ 作用在有限集 X 上，则 X 的 G 关系 R_G 是一个等价关系.

所以通过 G 关系 R_G 把 X 划分成若干个等价类，每个等价类称为 X 上的一个 G -轨道.

Burnside 引理 设有限群 $(G, \circ)$ 作用在有限集 X 上，则 X 上的 G -轨道的个数为

$$N = \frac{1}{|G|} \sum_{g \in G} fix(g),$$

其中 $fix(g)$ 表示满足 $gx = x$ 的元 $x \in X$ 的个数，即在 g 下不变的元素 $x \in X$ 个数.

设 A, B 都是非空集合，以 B^A 表示由 A 到 B 的映射所成之集.

Pólya 定理 设 A, B 都是非空有限集，$(G, \circ)$ 是 A 的一个置换群，B 中任意元素 b 都赋予了权 $w(b)$ ，以 F 表示 B^A 的全部 G -轨道所成之集，则

$$\sum_{F \in \mathrm{F}} w(F) = P_G\left(\sum_{b \in B} w(b), \sum_{b \in B} [w(b)]^2, \cdots, \sum_{b \in B} [w(b)]^n \right)$$

其中 $n = |A|$.

特别地, 有以下简单形式.

Pólya定理 设 Q 是 S_n 的子群, 用 m 中颜色涂染集合 N_n 中的 n 个对象, 则不同的染色方案数为:

$$l = \frac{[m^{C(a_1)} + m^{C(a_2)} + \cdots + m^{C(a_q)}]}{|Q|},$$

其中 $Q = \{a_1, a_2, \cdots, a_q\}$, $C(a_k)$ 为置换 a_k 的循环节数.

2.3 色轨道多项式的相关定义与定理

色轨道多项式是色多项式与Pólya定理的结合与推广, 本节将给出色轨道多项式的定义.

令 N_n 表示 n 元集合 $\{1, 2, \cdots, n\}$. N_n 中的加法运算是模 n 下进行的, 对于 n 阶标号图 g, 设 $V(g) = N_n$, G_n 表示顶点集是 N_n 的所有标号图的集合, $g, h \in G_n$, 当 $E(g) \subseteq E(h)$ 时, 记为 $g \subseteq h$. 设 $A \subseteq V(g)$, $g[A]$ 表示 A 诱导的子图, 通常的图就用 G、H 来表示, 用 O_n, K_n 分别表示 n 阶空图、完全图. $[x]$ 表示不小于 x 的最小整数. 设 (m, n) 和 $[m, n]$ 分别表示正整数 m 和 n 的最大公因子和最小公倍数, $m \mid n$ 表示 m 整除 n, $\varphi(n)$ 是欧拉函数, 即小于等于 n 且与 n 互素的正整数的数目, 设 $\psi_d(n) = \{m \mid 1 \leqslant m \leqslant n, (m, n) = d\}$ 和 $\varphi_d(n) = |\psi_d(n)|$, 容易得到 $\varphi_d(n) = \varphi(n / d)$.

定义2.3.1[8]

（1）用 S_n 表示集合 N_n 上的对称群, 即 S_n 是 N_n 上的所有置换的集合, e 是 S_n 的单位元, 且 $I_n = \{e\}$ 是 S_n 的单位子群.

（2）若 P 是 S_n 的一个子群, 则 P 作用在 G_n 上时, 对任意的 $\pi \in P$ 和 $g \in G_n$, 都有 $\pi(g) \in G_n$, 其边集是 $\pi(E(g)) = \{(\pi(i), \pi(j) : (i, j) \in E(g)\}$.

（3）当 $\pi(g) = g$, 即 $\pi(E(g)) = E(g)$ 时, 称 π 是 g 的自同构群, g 的全体自同构可构成一个群, 记为 $A(g)$.

（4）对于任一置换 $\pi \in S_n$, 用 $C(\pi)$ 表示置换 π 循环分解的个数, 若一个置换的每个圈的长度都相等, 则称此置换是正则的.

（5）设 $K \subseteq N_n$, $S_n / K = \{\pi \in S_n \mid \pi(u) = u, \forall u \in K\}$, 称 S_n / K 是 S_n 的 K 稳定子群.

定义2.3.2[8] 设 P 是 S_n 的一个子群, n 阶 $P-$ 置换图 G 或简称 $P-$ 图 G 是指 P 作用

在 G_n 上产生的一个轨道, 当 $g \in G$ 时, 称 G 是 g 的一个 P – 图且 g 为 G 的一个标号图.

(1) 一个 S_n – 图被称为是一个 n 阶无标号图.

(2) 一个 I_n 图被简单地看作是一个标号图.

(3) 一个 S_n / K – 图被称为是一个 n 阶局部标号图.

(4) 当 $P = A(h)$, $g \in G$ 时, 其中 $h \in G_n$, 称标号图 h 和 g 分别是 P – 图 G 的结构图和约束图, 由标号图 h 和 g 所确定的 P – 图 G 称为是 SC – 图.

(5) 当 $P \subseteq A(g)$ 时, P – 图就被称为图 g 的一个自同构 P – 图, 或简称为 A – 图.

(6) 设 P 和 Q 是 S_n 的子群, 且 $g, h \in G_n$, 令 G 和 H 分别表示 g 和 h 的 P – 图和 Q – 图, 当 $g \cong h$ 时, 可以写为 $G \cong h$ 或 $G \cong H$, 这是合理的, 因为 P – 图 G 本身就是一个等价类.

(7) 设 $g \in G$, 且 G 是图 g 的 P – 图, 当 g 具有某些性质时, 可以说 G 也有这些性质. 比如说 g 是连通的, 则 G 也是连通的.

定义2.3.3[1] 设 $g \in G_n$, 称映射 $\sigma : V(g) \to \{1, 2, \cdots, k\}$ 为图 g 的一个正常 k 着色是指对任意相邻点 v_i 和 v_j 均满足, $\sigma(v_i) \neq \sigma(v_j)$. 图 g 的一个正常 k 着色的最小 k 值称为 g 的色数, 记为 $\chi(g)$. 对于任意的正整数 k, 令 $\chi(g, k)$ 表示图 g 的正常 k 着色数.

我们知道 $\chi(g, k)$ 是一个整系数的 n 阶多项式.

定义 2.3.4[8]

(1) 设 $\pi \in S_n$, 图 g 的一个 (π, k) 着色定义为 σ 是图 g 的一个正常 k 着色满足对所有的 $v \in V(g)$ 都有 $\sigma(\pi(v) = \sigma(v)$.

(2) 设 $g \in G_n$, $\pi \in S_n$, π 可以分解为不相交的循环 $C_1, C_2, \cdots, C_m$, 图 g 关于 π 的商图记为 g / π, 其中 $V(g / \pi) = \{C_1, C_2, \cdots, C_m\}$ 若存在 $u \in C_i$ 和 $v \in C_j$ 在 g 中相邻, 则 C_i 和 C_j 在 g / π 也相邻.

(3) 设 $\pi \in S_n$, 对每个 $k \geq 1$, 用 $\chi(g, \pi, k)$ 表示图 g 的 (π, k) 着色数.

从上面的定义易知

引理 2.3.1 [8] 设 g 是一个标号图, $\pi \in S_n$, k 是非负整数, 则

(1) 若 π 的循环节中含 g 的相邻顶点时, $\chi(g, \pi, k) = 0$, 多所有的 $k \geq 1$ 成立.

(2) π 的循环节中均不含 g 的相邻顶点时, $\chi(g, \pi, k) = \chi(g / \pi, k)$, 其中 $\chi(g / \pi, k)$ 是商图 g / π 的色多项式.

定义2.3.5[8] 令 P 是 S_n 的一个子群, G 是 n 阶 P – 图, $\pi \in P$, 下面给出如下的定义:

(1) 若 $k \geq \chi(g)$, 且 $U_p(G, k) = \{(g, \sigma) \mid g \in G$, 其中 σ 是图 g 的一个正常 k 着色$\}$,

令 $(g,\sigma)\in U_P(G,k)$,定义 $\pi(g,\sigma)=(\pi(g),\sigma\pi^{-1})$,易知 $\pi(g,\sigma)\in U_P(G,k)$.

（2）图 G 的一个 k 着色定义为 P 作用在 $U_P(G,k)$ 产生的一个轨道.

（3）对于每个正整数 k 令 $\chi_P(G,k)$ 表示 G 的 k 着色的数目,则称 $\chi_P(G,k)$ 是 $P-$ 图 G 的色多项式或图 g 的色轨道多项式,其中 $g\in G$.

（4）令 $\overline{\chi}_P(G,k)=|P\cap A(g)|\chi_P(G,k)$,其中 $g\in G$,称 $\overline{\chi}_P(G,k)$ 是 $P-$ 图 G 的色本原多项式.

定义 设 $g\in G_n$, Q 和 P 是 $A(g)$ 的子群, H 和 G 分别是 g 的 $Q-$ 图和 $P-$ 图,若 $\overline{\chi}_P(G,k)=\overline{\chi}_Q(H,k)$,则称 Q 和 P 是关于 g 是一致的,记为 $Q\overset{g}{\sim}P$.

从上面的定义,可以看出关系" $\overset{g}{\sim}$ "是等价关系,若 Q 和 P 是 $A(g)$ 的子群,又由于 $\overline{\chi}_P(G,k)=|P\cap A(g)|\chi_P(G,k)=|P|\chi_P(G,k)$,

$\overline{\chi}_Q(H,k)=|Q\cap A(g)|\chi_Q(H,k)=|Q|\chi_Q(H,k)$,从而有

$$\chi_P(G,k)=(|Q|/|P|)\chi_Q(H,k)$$

定义 设 G 是一个图, $u,v\in V(G)$,且 $e=(u,v),w\notin V(G)$.

（1）图 $G\circ e$ 的顶点集为 $V(G\circ e)=(V(G)-\{u,v\})\cup\{w\}$,边集是 $E(G\circ e)=\{(x,y)|\in E(G)|x,y\neq u\text{ 或 }v\}\cup\{(x,w)|\text{ 在 }G\text{ 中 }x\sim u\text{ 或 }x\sim v\}$.

（2）图 $G+e$ 和 $G-e$ 的定义如下:

（a）若 $e\notin E(G)$,用 $G+e$ 来表示在图 G 上加一边 e 而得到的图.

（b）若 $e\in E(G)$,用 $G-e$ 来表示在图 G 上去掉一边 e 而得到的图.

定义 设 $g\in G_n,K\subseteq N_n$,若对 $\forall\pi\in A(g)$ 均成立 $\pi(K)=\{j|$ 若存在 $i\in K$ 使得 $\pi(i)=j\}=K$ 则称 K 是 g 的一个不变子集,若不变子集 K 导出的 g 的子图 $g[K]$ 是完全图,则称 K 是 g 的一个不变子团.

引理 2.3.2[8][广义的 Pólya 定理]

设 P 是 S_n 的一个子群, G 是 g 的 $P-$ 图,则

$$\chi_P(G,k)=\frac{1}{|P\cap A(g)|}\sum_{\pi\in P\cap A(g)}\chi(g,\pi,k)$$

定理 设 $g\in G_n,K\subseteq N_n$, p 是是 S_n/K 的子群, G/K 是 g 的 $P-$ 图,则有:

$$\chi_P(G/K,k)=\frac{1}{|P\cap A_K(g)|}\sum_{\pi\in P\cap A_K(g)}\chi(g,\pi,k)$$

引理 设 g 是一个标号图, $\pi\in S_n$,且 k 是一个非负整数,则有:

（1）若 π 中存在一个循环节含有图 g 的相邻顶点,则 $\chi(g,\pi,k)=0$,对所有的 $k\geqslant1$.

(2) 否则的话，$\chi(g, \pi, k) = \chi(g / \pi, k)$，其中 $\chi(g / \pi, k)$ 是标号图 g / π 的色多项式.

定理 设 P 是 S_n 的一个子群，$g \in G_n$，且 G 是图 g 的 P-图. 有以下结论：

(1) 若 $k \geq \chi(g)$，则 $\chi_P(G, k) \geq 1$，若 $0 \leq k \leq \chi(g) - 1$，则 $\chi_P(G, k) = 0$.

(2) $\overline{\chi}_P(G, k) = a_n k^n + a_{n-1} k^{n-1} + \cdots + a_0$

是 P-图 G 的色本原多项式，则有：

(a) $a_i, 0 \leq i \leq n$，是整数，

(b) $a_n = 1$ 且 $a_0 = 0$.

(3) 设 $Q = P \cap A(g)$，且 H 是 g 的 Q-图，则

$$\chi_P(G, k) = \chi_Q(H, k)$$

(4) 设 $g, h \in G_n$，P 和 Q 是 S_n 的子群，在一般的情况下，下面的结论并不成立：

(a) 若 $g \cong h$，则 g 的 P-图的色多项式等于 h 的 P-图的色多项式.

(b) 若 $P \cong Q$，则 g 的 P-图的色多项式等于 g 的 Q-图的色多项式.

定理 对于任意的 n 阶 P-图 G，及非负整数 k，有

$$\frac{k(k-1)\cdots(k-n+1)}{n!} \leq \chi_P(G, k) \leq k^n.$$

且等式成立当且仅当 $P \cong S_n$ 且 $G \cong K_n$，或 $P \cong I_n$ 且 $G \cong O_n$

定理 设 $g \in G$，Q 和 P 是 $A(g)$ 的子群，$Q \subseteq P$ 且 H 和 G 分别是 Q-图和 P-图，则 $Q \overset{g}{\sim} P$ 当且仅当对于每个置换 $\pi \in P - Q$，在置换 π 中存在一个圈含有图 g 的一对相邻顶点.

定理 设 $g \in G_n$，P 和 Q 是 $A(g)$ 的子群，且 $Q \subseteq P$，G 和 H 分别是 g 的 P-图和 Q-图，则对于每个非负整数 k，都有 $\chi_P(G, k) \leq \chi_Q(H, k)$ 成立.

定理 设 $g, h \in G_n$，P 和 Q 是 S_n 的子群，且 $Q \subseteq P$，G 和 H 分别是 g 和 h 的 P-图和 Q-图，若 $h \subseteq g$，且 $A(h) \subseteq A(g)$，则对于每个非负整数 k，都有 $\chi_P(G, k) \leq \chi_Q(H, k)$ 成立.

引理 2.3.3[2,4] 一些特殊图的色多项式：

(1) $\chi(O_n, k) = k^n$；

(2) $\chi(K_n, k) = k(k-1)\cdots(k-n+1)$；

(3) $\chi(T_n, k) = k(k-1)^{n-1}$；

(4) $\chi(C_n, k) = (k-1)^n + (-1)^n (k-1)$，其中 C_n 是长度为 n 的圈.

(5) 若 H 为棱柱，且 $|V(H)| = 2n$ 则

$$\chi(H_n, k) = (k^2 - 3k + 3)^n + (k-1)[(3-k)^n + (1-k)^n] + k^2 - 3k + 1；$$

（6）若 M 为Möbius梯,且 $|V(M)|=2n$ 则

$$\chi(M_n,k)=(k^2-3k+3)^n+(k-1)[(3-k)^n-(1-k)^n]-1;$$

（7） $\chi(\overline{C_n},k)=\sum_{\frac{n}{2}\le t\le n}\frac{n}{t}C_t^{n-t}[k]_t,$ 其中 $[k]_t=k(k-1)\cdots(k-t+1)$.

定理 n 阶串联图 B_n 如下图所示:

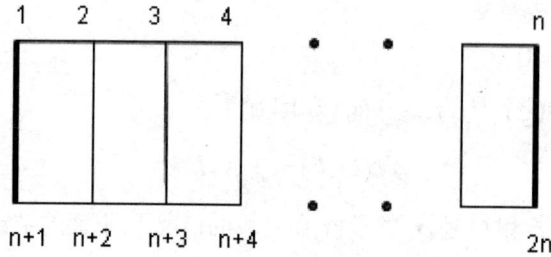

图2-9 n 阶串联图

则 $\chi(B_n,k)=k(k-1)(k^2-3k+3)^{n-1}$.

证 用数学归纳法证明:

当 $n=1$ 时, $\chi(B_1,k)=\chi(K_2,k)=k(k-1)$,结论成立.

当 $n=m$ 时,假设结论成立,即 $\chi(B_m,k)=k(k-1)(k^2-3k+3)^{m-1}$.

当 $n=m+1$ 时,

$$\chi(B_{m+1},k)=\frac{\chi(B_m,k)\cdot\chi(C_4,k)}{k(k-1)}$$

$$=\frac{k(k-1)(k^2-3k+3)^{m-1}[(k-1)^4+(k-1)]}{k(k-1)}$$

$$=k(k-1)(k^2-3k+3)^m.$$

命题得证.

第三章 色轨道多项式的性质

3.1 关于图的色轨道多项式的性质

先讨论一下色轨道多项式的一些性质.

定理 3.1.1 若 P 是 S_n 的子群，$g \in G_n$，G 是 g 的 P-图，则 $0,1,\cdots,\chi(g)-1$ 是 $\chi_P(G,k)$ 的根.

证：对 $\forall \pi \in A(g)$ 有，

$$\chi(g,\pi,k) = \begin{cases} 0, & \text{存在 } \pi \text{ 的某循环节含 } g \text{ 的相邻点}, \\ \chi(g/\pi,k), & \pi \text{ 的各个循环节均不含 } g \text{ 的相邻点}. \end{cases}$$

当 π 的各个循环节均不含 g 的相邻顶点时有关系 $\chi(g/\pi) \geq \chi(g)$，所以 $0,1,\cdots,\chi(g)-1$ 是 $\chi_P(G,k)$ 的根.

定理 3.1.2 设 $g \cong T_n$，T_n 是 n 阶系数，P 是 S_n 的子群，G 是 g 的 P-图，则 $\chi_P(G,k) = \sum_{i=0}^{n} a_i k^i$ 的系数的绝对值之和为 2^{n-1}，正系数之和为 2^{n-2}.

证 因为 $g \cong T_n$，且 T_n 是 n 阶系数，所以 $A(g)=e$，因此 $P \cap A(g)=e$，

$$\chi_P(G,k) = \frac{1}{|P \cap A(g)|} \sum_{\pi \in P \cap A(g)} \chi(g,\pi,k) = \chi(g,e,k) = \chi(T_n,k) = k(k-1)^{n-1} \text{ 由二}$$

项式定理知 $\sum_{i=1}^{n} |a_i| = 2^{n-1}$，又因为 $\varepsilon \neq 0$ 时 $\sum_{i=1}^{n} a_i = 0$，所以 $\chi_P(G,k)$ 的正系数之和等于负系数的绝对值之和，所以 $\chi_P(G,k)$ 的正系数之和为 2^{n-2}.

定义 3.1.1[8] 关于标 K 局部标定图的相关定义：

(1) S_n 的 K-稳定子群 S_n/K 作用在 N_n 上得到的每一个轨道成为一个标 K 局部标定图.

(2) 对 $\forall g \in G_n, \forall K \subseteq \{1,2,\cdots,n\}$，称 g 所在的标 K 局部标定图是 g 诱导下的标 K 局部标定图.记作 G/K，即 $G/K = \{h \mid h \in G_n, \exists \pi \in S_n/K$，使得 $\pi(g)=h$，反过来，也

称 G/K 中任一标定图 g 是 G/K 的一个标定图, 记作 $g \in G/K$.

(3) $g \in G_n, K \subseteq \{1, 2, \cdots, n\} = N_n$, 则称 g 在 S_n/K 中的稳定核.

$\{\pi \mid \pi \in S_n/K, \pi(g) = g\}$ 构成的群为 g 的 K-稳定自同构群, 记作 $A_K(g)$. 即 $A_K(g) = \{\pi \mid \pi \in S_n/K, \pi(g) = g\}$, 显然: $A_K(g) = A(g) \cap S_n/K$.

(4) 记 $U_P(G/K, k) = \{(g, \sigma) \mid g \in G/K, \sigma$ 是 g 的一个 k-正常着色$\}$.

下面讨论一下图的色轨道多项式与标 k 局部标定图的色轨道多项式之间的关系, 看他们是否有相同性质.

定义3.1.2 设 $g \in G_n, K \subseteq N_n$, 若 K 是 g 的不变子团, $P_1 \subseteq A(g), P_2 = P_1 \cap A_k(g) \neq \varnothing$, G 是 g 的 P_1-图, G/K 是 g 的 P_2-图, 则

$$\chi_{P_1}(G, k) = \frac{|P_2|}{|P_1|} \chi_{P_2}(G/K, k).$$

证 因为 $P_2 = P_1 \cap A_k(g) \neq \varnothing$, 所以 $P_2 \subseteq A_k(g)$, 又因为 $P_1 \subseteq A(g)$, 所以有

$$\chi_{P_1}(G, k) = \frac{1}{|P_1 \cap A(g)|} \sum_{\pi \in P_1 \cap A(g)} \chi(g, \pi, k) = \frac{1}{|P_1|} \sum_{\pi \in P_1} \chi(g, \pi, k)$$

$$\chi_{P_2}(G/K, k) = \frac{1}{|P_2 \cap A_K(g)|} \sum_{\pi \in P_2 \cap A_K(g)} \chi(g, \pi, k) = \frac{1}{|P_2|} \sum_{\pi \in P_2} \chi(g, \pi, k).$$

因为 $P_2 \subseteq P_1$, 所以有

$$\chi_{P_1}(G, k) = \frac{1}{|P_1|} \sum_{\pi \in P_1} \chi(g, \pi, k) = \frac{1}{|P_1|} \sum_{\pi \in P_2} \chi(g, \pi, k) + \frac{1}{|P_1|} \sum_{\pi \in P_1 - P_2} \chi(g, \pi, k).$$

当 $\pi \in P_1 - P_2 \subseteq A(g) - A_K(g) = A(g) - (A(g) \cap S_n/K) = A(g) - S_n/K$ 时 π 不属于 S_n/K, 由于 K 是 g 的不变子团, 所以这时 $\chi(g, \pi, k)$ 0, 因此

$$\chi_{P_1}(G, k) = \frac{1}{|P_1|} \sum_{\pi \in P_2} \chi(g, \pi, k) = \frac{|P_2|}{|P_1|} \chi_{P_2}(G/K, k).$$

3.2 局部标定图的色轨道多项式的性质

定理3.2.1 设 $g \in G_n, K \subseteq N_n$, P 是 S_n/K 的子群, G/K 是 g 的 P-图, 则有:

(1) 若 $k \geq \chi(g)$, 则 $\chi_P(G/K, k) \geq 1$, 若 $0 \leq k \leq \chi(g) - 1$, 则 $\chi_P(G/K, k) = 0$.

(2) 令 $\overline{\chi}_P(G/K, k) = \sum_{i=0}^{n} a_i k^i$, 是 P-图 G/K 的本原色轨道多项式, 则

(a) $a_i, 0 \leq i \leq n$, 是整数,

（b）$a_n = 1$ 且 $a_0 = 0$.

（3）设 $Q = P \cap A_K(g)$，且 H / K 是 g 的 Q-图，则 $\chi_P(G / K, k) = \chi_Q(H / K, k)$.

证 （1）若 $k \geq \chi(g)$，则 $U_P(G / K, k)$ 是非空的，所以在 P 的作用下 $U_P(G / K, k)$ 至少有一个轨道，即 $\chi_P(G / K, k) \geq 1$. 因为对 $\forall g \in G_n, \pi \in S_n / K$ 有 $\chi(g, \pi, k) = 0$ 或 $\chi(g / \pi) \geq \chi(g)$，当 $0 \leq k \leq \chi(g) - 1$ 时，由 $\chi(g / \pi) \geq \chi(g)$ 知 $\chi(g, \pi, k) = 0$. 综上可知，当 $0 \leq k \leq \chi(g) - 1$ 时，$\chi_P(G / K, k) = \dfrac{1}{|P \cap A_K(g)|} \sum\limits_{\pi \in P \cap A_K(g)} \chi(g, \pi, k) = 0$.

（2）因为 $|V(g / \pi)| \leq n$ 且 $|V(g / \pi)| = n$. 当且仅当 $\pi = e$，所以只有当 $\pi = e$ 时 $\chi(g, \pi, k)$ 的阶是 n 且 $\chi(g, \pi, k) = \chi(g, k)$，其首项系数为1，所以当 $\pi \neq e$ 时 $\chi(g, \pi, k)$ 的阶都小于等于 $n - 1$ 且 $\chi(g, \pi, k)$ 的系数都是整数且常数项为零，所以

$\overline{\chi}_P(G / K, k)$ 的首项系数 $a_n = 1$ 且常数项系数 $a_0 = 0$.

（3）因为 $Q = P \cap A_K(g)$，所以 $Q \cap A_K(g) = P \cap A_K(g)$，再根据局部标定图的色轨道多项式的定义知 $\chi_P(G / K, k) = \chi_Q(H / K, k)$.

定理 3.2.2 设 $g \in G_n, K \subseteq N_n$，$P$ 是 S_n / K 的子群，G / K 是 g 的 P-图，则有：

（1）若 $|P \cap A_K(g)| = 1$，则 $\chi_P(G / K, k) = \chi(g, k)$.

（a）当 g 是幺图时对任意置换 P 有 $\chi_P(G / K, k) = \chi(g, k)$，

（b）$P \cong I_n$ 时 $\chi_P(G / K, k) = \chi(g, k)$.

（2）若 $P = S_n / K$，则 $\chi_P(G / K, k)$ 是 n 阶局部标定图.

（3）若 $g \cong O_n$，则 $\chi_P(G / K, k) = \dfrac{1}{|P|} \sum\limits_{\pi \in P} k^{c(\pi)}$.

（4）若 $g \cong K_n$，则 $\chi_P(G / K, k) = \dfrac{1}{|P|} k(k-1)\ldots(k-n+1)$.

证 （1）显然；（2）显然；（3）因为 $g \cong O_n$，所以 $A(g) = S_n$，又因为 P 是 S_n / K 的子群，所以 $P \cap A_K(g) = P$ 且 $\chi(g, \pi, k) = \chi(g / \pi, k) = k^{c(\pi)}$，所以

$$\chi_P(G / K, k) = \frac{1}{|P|} \sum_{\pi \in P} \chi(g / \pi, k) = \frac{1}{|P|} \sum_{\pi \in P} k^{c(\pi)};$$

（4）因为 $g \cong K_n$，所以 $A(g) = S_n$，又因为 P 是 S_n / K 的子群，所以 $P \cap A_K(g) = P$ 所以

$$\chi_P(G / K, k) = \frac{1}{|P|} \sum_{\pi \in P} \chi(g / \pi, k) = \frac{1}{|P|} \chi(g, e, k) = \frac{1}{|P|} k(k-1)\ldots(k-n+1).$$

定理 3.2.3 设 $g \in G_n, K \subseteq N_n$，$P, Q$ 是 $A_K(g)$ 的子群，且 $Q \subseteq P$，G / K 和 H / K 分别是 g 的 P-图和 Q-图，则对于每个非负整数 k，都有 $\chi_P(G / K, k) \leq \chi_Q(H / K, k)$ 成立.

证　因为 $G/K = \{\pi(g)\,|\,\pi \in P\}, H/K = \{\pi(g)\,|\,\pi \in Q\}$ 且 $Q \subseteq P$，所以

$$H/K \subseteq G/K, \quad H/K \subseteq G/K.$$

不失一般性，我们可设 $k \geq \chi(g)$，令

$U_P(G/K,k) = (G/K,\Sigma), U_Q(H/K,k) = (H/K,\Sigma')$．因为 $H/K \subseteq G/K$，所以 $(H/K,\Sigma') \subseteq (G/K,\Sigma)$，因为 $(H/K,\Sigma') \subseteq (G/K,\Sigma)$ 的一个 k 着色是 P 作用在 $U_P(G/K,k)$ 上的一个轨道，这些轨道记为 $(G/K,\Sigma_i)$，同样，H/K 的一个 k 着色是 Q 作用在 $U_Q(H/K,k)$ 上的一个轨道，这些轨道记为 $(H/K,\Sigma_{j'})$．

（1）对任意的 $(H/K,\Sigma_{j'})$，令 $(h,\sigma) \in (H/K,\Sigma_{j'})$，因为 $H/K \subseteq G/K$，所以存在 $i \in Z^+$，使得 $(h,\sigma) \in (G/K,\Sigma_i)$，所以

$$(H/K,\Sigma_{j'}) \subseteq (G/K,\Sigma_i).$$

（2）设 $(H/K,\Sigma_{i'}) \subseteq (G/K,\Sigma_l), (H/K,\Sigma_{j'}) \subseteq (G/K,\Sigma_m)$ 且 $(G/K,\Sigma_l) \neq (G/K,\Sigma_m)$，则 $(H/K,\Sigma_{i'}) \neq (H/K,\Sigma_{j'})$，否则若存在 $(h,\sigma) \in (H/K,\Sigma_{i'}) \cap (H/K,\Sigma_{j'})$，则 $(h,\sigma) \in (G/K,\Sigma_l) \cap (G/K,\Sigma_m)$，这与 $(G/K,\Sigma_l) \neq (G/K,\Sigma_m)$ 矛盾．又因为 $\chi_P(G/K,k)$ 表示 G/K 的 k 着色数，即轨道 $(G/K,\Sigma_i)$ 的个数，$\chi_Q(H/K,k)$ 表示 H/K 的 k 着色数，即轨道 $(H/K,\Sigma_{j'})$ 的个数．

由 (1),(2) 可知，

$$\chi_P(G/K,k) \leq \chi_Q(H/K,k).$$

定理3.2.4　若 $g,h \in G_n, K \subseteq N_n$，$P$ 和 Q 是 S_n/K 的子群，且 $Q \subseteq P, G/K$ 是 g 的 P-图，H/K 是 h 的 Q-图，若 $h \subseteq g$ 且 $A_K(h) \subseteq A_K(g)$，则对每个 $k \in Z^+$ 均有 $\chi_P(G/K,k) \leq \chi_Q(H/K,k)$．

证　设 $S_1 = Q \cap A_K(h), S_2 = P \cap A_K(g)$，且令 G_1/K 是 h 的 S_1-图，G_2/K 是 g 的 S_1-图，G_3/K 是 g 的 S_2-图．因为 $Q \subseteq P, A_K(h) \subseteq A_K(g)$，所以 $S_1 \subseteq S_2 \subseteq A_K(g)$，由定理 3.2.3 知，

$$\chi_{S_2}(G_3/K,k) \leq \chi_{S_1}(G_2/K,k) \cdots\cdots\cdots\cdots (1)$$

因为 $\chi_{S_1}(G_2/K,k) = \dfrac{1}{|S_1 \cap A_K(g)|} \displaystyle\sum_{\pi \in S_1 \cap A_K(g)} \chi(g,\pi,k) = \dfrac{1}{|S_1|} \displaystyle\sum_{\pi \in S_1} \chi(g,\pi,k)$

$$\chi_{S_1}(G_1/K,k) = \dfrac{1}{|S_1 \cap A_K(h)|} \displaystyle\sum_{\pi \in S_1 \cap A_K(h)} \chi(h,\pi,k) = \dfrac{1}{|S_1|} \displaystyle\sum_{\pi \in S_1} \chi(h,\pi,k).$$

又因为 $h \subseteq g$，所以对每个 $\pi \in S_1$ 有 $\chi(g,\pi,k) \leq \chi(h,\pi,k)$，所以

$$\chi_{S_1}(G_2/K,k) \leqslant \chi_{S_1}(G_1/K,k) \cdots\cdots\cdots\cdots (2)$$

由 $(1),(2)$ 式可得

$$\chi_{S_2}(G_3/K,k) \leqslant \chi_{S_1}(G_2/K,k) \leqslant \chi_{S_1}(G_1/K,k) \cdots\cdots\cdots\cdots (3)$$

由定理3.2.1可知，

$$\chi_{S_1}(G_1/K,k) = \chi_Q(H/K,k) , \quad \chi_{S_2}(G_3/K,k) = \chi_P(G/K,k) ,$$

由 (3) 式可得 $\chi_P(G/K,k) \leqslant \chi_Q(H/K,k)$.

定理3.2.5 设 P 是 S_n/K 的子群，G/K 是 g 的 P-图，对任意的非负整数 k 有，

$$\frac{k(k-1)\cdot\cdot(k-n+1)}{(n-m)!} \leqslant \chi_P(G/K,k) \leqslant k^n.$$ 等号成立当且仅当 $P \cong S_n/K$ 且 $g \cong K_n$ 或 $P \cong I_n$ 且 $g \cong O_n$.

证 对任意的 $g \in G_n$，存在 $O_n, K_n \in G_n$，使得 $O_n \subseteq g \subseteq K_n$，对任意的 $P \leqslant S_n/K$，存在 $I_n, S_n/K$，使得 $I_n \subseteq P \subseteq S_n/K$. 因为

$$A_K(g) = A(g) \cap S_n/K, A_K(K_n) = A(K_n) \cap S_n/K = S_n/K ,$$

所以 $A_K(g) \subseteq A_K(K_n)$. 记 K_n/K 是 K_n 的 S_n/K-图，O_n/K 是 O_n 的 I_n-图，由定理 3.2.4可知，

$$\chi_{S_n/K}(K_n/K,k) \leqslant \chi_P(G/K,k) \leqslant \chi_{I_n}(O_n/K,k) \cdots\cdots\cdots\cdots (4)$$

由定理3.2.2的 $(3),(4)$ 可知，

$$\chi_{S_n/K}(K_n/K,k) = \frac{1}{|S_n/K|}k(k-1)\cdots(k-n+1) = \frac{k(k-1)\cdots(k-n+1)}{(n-m)!}$$

$$\chi_{I_n}(O_n/K,k) = \frac{1}{|I_n|}k^{c(\pi)} = k^{c(\pi)}.$$

由 (4) 式可得，

$$\frac{k(k-1)...(k-n+1)}{(n-m)!} \leqslant \chi_P(G/K,k) \leqslant k^n.$$

等号成立当且仅当 $P \cong S_n/K$ 且 $g \cong K_n$ 或 $P \cong I_n$ 且 $g \cong O_n$

第四章 色轨道多项式的应用

4.1 正六面体在不同约束条件下的着色问题

为求正六面体 H 的顶点在不同约束条件下的着色方法数, 首先知道正六面体 H 的顶点的置换群. 正六面体的顶点集设为 $V(H) = \{1,2,3,4,5,6,7,8\}$, 正六面体如下图4-1所示:

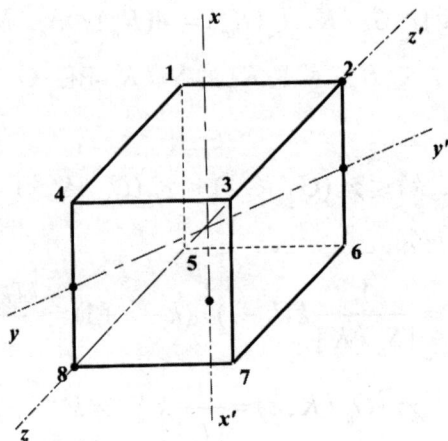

图 4-1 正六面体

使正六面体重合的刚体运动群, 有如下几种情况:

（1）单位元素 $\pi_0 = e = (1)(2)(3)(4)(5)(6)(7)(8)$

（2）绕 xx' 轴旋转 $\pm 90°$ 的置换与同类置换为

$\pi_1 = (1234)(5678)$, $\pi_2 = (1432)(5876)$, $\pi_3 = (2673)(1584)$

$\pi_4 = (2376)(1485)$, $\pi_5 = (1265)(4378)$, $\pi_6 = (1562)(4873)$

（3）绕 xx' 轴旋转 $180°$ 的置换与同类置换为

$\pi_7 = (13)(24)(57)(68)$，$\pi_8 = (18)(45)(27)(36)$，$\pi_9 = (16)(25)(38)(47)$

（4）绕 yy' 轴旋转 $180°$ 的置换与同类置换为

$\pi_{10} = (17)(26)(35)(48)$，$\pi_{11} = (15)(37)(28)(46)$

$\pi_{12} = (12)(78)(35)(46)$，$\pi_{13} = (17)(28)(34)(56)$

$\pi_{14} = (17)(46)(23)(58)$，$\pi_{15} = (14)(67)(28)(53)$

（5）绕 zz' 轴旋转 $\pm120°$ 的置换与同类置换为

$\pi_{16} = (136)(475)(8)(2)$，$\pi_{17} = (631)(574)(8)(2)$

$\pi_{18} = (245)(638)(1)(7)$，$\pi_{19} = (254)(368)(1)(7)$

$\pi_{20} = (257)(183)(4)(6)$，$\pi_{21} = (275)(138)(4)(6)$

$\pi_{22} = (247)(186)(3)(5)$，$\pi_{23} = (274)(168)(3)(5)$

定理4.1.1 设 $h, g \in G_8$，$h \cong H$，$g \cong K_8$，令 G 是构造图 h，约束图为 g 的 $SC-$图，则 $\chi_P(G,k) = \dfrac{1}{24} \prod\limits_{i=0}^{7}(k-i)$。

证 因为 $g \cong K_8$，所以 $A(g) = S_8$，因此 $P \cap A(g) = P$ 且 $|P| = 24$。又因为 P 中除 e 外其余任何置换中均存在某个循环节含 g 的相邻顶点，所以，当 $\pi \neq e$ 时 $\chi(g, \pi, k) = 0$，因此可得

$$\chi_P(G,k) = \frac{1}{|P \cap A(g)|} \sum_{\pi \in P \cap A(g)} \chi(g, \pi, k) = \frac{1}{|P|} \chi(g, e, k)$$

$$= \frac{1}{24} \chi(K_8, k) = \frac{1}{24} \prod_{i=0}^{7}(k-i).$$

定理4.1.2 设 $G \cong H$ 是 $g \in G_8$ 的无标号图，$P = A(g)$，则

$$\chi_P(G,k) = \frac{1}{24}[(k^2 - 3k + 3)^4 + (k-1)(3-k)^4 - (1-k)^5$$

$$+ 3(k-1)^4 + 8k(k-1)^3 + k^2 - 2]$$

证 因为 $P = A(g)$ 且 $|P| = 24$。

当 $i = 0$ 时 $\chi(g, \pi, k) = \chi(g, k) = (k^2 - 3k + 3)^4 + (k-1)[(3-k)^4 + (1-k)^4] + k^2 - 3k + 1$。

当 $1 \leq i \leq 6$ 或 $10 \leq i \leq 15$ 时 π_i 的某个循环节中含 g 的相邻顶点，这时 $\chi(g, \pi, k) = 0$。

当 $i = 7,8,9$ 时 $g/\pi \cong C_4$，这时

$$\chi(g, \pi, k) = \chi(g/\pi, k) = \chi(C_4, k) = (k-1)^4 + (k-1).$$

当 $16 \leq i \leq 23$ 时 $g/\pi \cong T_4$ 这时 $\chi(g, \pi, k) = \chi(g/\pi, k) = \chi(T_4, k) = k(k-1)^3$。

所以有

$$\chi_P(G,k) = \frac{1}{|P \cap A(g)|} \sum_{\pi \in P \cap A(g)} \chi(g,\pi,k)$$

$$= \frac{1}{24}\{(k^2-3k+3)^4 + (k-1)[(3-k)^4 + (1-k)^4] + k^2-3k+1 + 3[(k-1)^4 + (k-1)] + 8k(k-1)^3\}$$

$$= \frac{1}{24}[(k^2-3k+3)^4 + (k-1)(3-k)^4 - (1-k)^5 + 3(k-1)^4 + 8k(k-1)^3 + k^2 - 2].$$

定理4.1.3 设 $h,g \in G_8$，$h \cong H$，$g \cong 4K_2$，$E(g) = \{(15),(26),(37),(48)\}$，令 G 是构造图 h，约束图为 g 的 $SC-$图，则

$$\chi_P(G,k) = \frac{1}{24}[(k^2-3k+3)^4 + (k-1)(3-k)^4 - (1-k)^5$$

$$+ 4(k-1)^4 + 11k^4 - 30k^3 + 30k^2 - 9k - 3]$$

证 因为 $P = A(h) \subseteq A(g)$，所以 $P \cap A(g) = P$ 且 $|P| = 24$.

当 $i = 0$ 时

$$\chi(g,\pi,k) = \chi(g,k) = (k^2-3k+3)^4 + (k-1)[(3-k)^4 + (1-k)^4] + k^2 - 3k + 1.$$

当 $i = 3,4,5,6,10,11$ 时 π_i 的某个循环节中含 g 的相邻顶点，这时 $\chi(g,\pi,k) = 0$.

当 $i = 1,2$ 时 $g/\pi \cong k_2$ 这时 $\chi(g,\pi,k) = \chi(g/\pi,k) = \chi(k_2,k) = k(k-1)$.

当 $i = 7,8,9$ 时 $g/\pi \cong 2k_2$ 这时

$$\chi(g,\pi,k) = \chi(g/\pi,k) = \chi(2k_2,k) = k^2(k-1)^2.$$

当 $i = 12,13,14,15$ 时 $g/\pi \cong C_4$，这时

$$\chi(g,\pi,k) = \chi(g/\pi,k) = \chi(C_4,k) = (k-1)^4 + (k-1).$$

当 $16 \leqslant i \leqslant 23$ 时 $g/\pi \cong T_4$ 这时 $\chi(g,\pi,k) = \chi(g/\pi,k) = \chi(T_4,k) = k(k-1)^3$.

所以有

$$\chi_P(G,k) = \frac{1}{|P \cap A(g)|} \sum_{\pi \in P \cap A(g)} \chi(g,\pi,k)$$

$$= \frac{1}{24}\{(k^2-3k+3)^4 + (k-1)[(3-k)^4 + (1-k)^4] + k^2-3k+1$$

$$+ 2k(k-1) + 3k^2(k-1)^2 + 4(k-1)^4 + 4(k-1) + 8k(k-1)^3\}$$

$$= \frac{1}{24}[(k^2-3k+3)^4 + (k-1)(3-k)^4 - (1-k)^5 + 4(k-1)^4$$

$$+ 11k^4 - 30k^3 + 30k^2 - 9k - 3].$$

定理4.1.4 设 $h,g \in G_8, h \cong H, g \cong O_8$，令 G 是构造图 h，约束图为 g 的 $SC-$图，则

$$\chi_P(G,k) = \frac{1}{24}(k^8 + 6k^2 + 17k^4).$$

证　因为 $g \cong O_8$，所以 $A(g) = S_8$，因此 $P \cap A(g) = P$ 且 $|P| = 24$.

当 $i = 0$ 时 $g / \pi \cong O_8$ 这时 $\chi(g, \pi, k) = \chi(g / \pi, k) = \chi(O_8, k) = k^8$.

当 $1 \leqslant i \leqslant 6$ 时 $g / \pi \cong O_2$ 这时 $\chi(g, \pi, k) = \chi(g / \pi, k) = \chi(O_2, k) = k^2$.

当 $7 \leqslant i \leqslant 23$ 时 $g / \pi \cong O_4$ 这时 $\chi(g, \pi, k) = \chi(g / \pi, k) = \chi(O_4, k) = k^4$.

所以有 $\chi_P(G, k) = \dfrac{1}{24}(k^8 + 6k^2 + 17k^4)$.

4.2　正棱柱的着色问题

正棱柱 H 如下图所示：

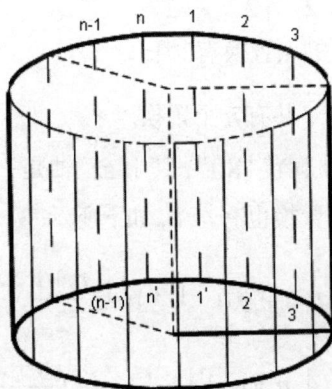

图 4-2　正棱柱图

为了下面色轨道多项式的结果更清楚，我们用以下记法.

$C_n, C_{n'}$ 分别表示正棱柱的上下两个 n 阶标号圈图，设 $\pi_0 \in D_n^r, \pi_0 = (1\ 2\ \cdots n)$ 则 D_n^r 的元素记为 $\pi_0, \pi_0^2, \cdots, \pi_0^n = e$，其中 e 是 D_n^r 的单位元，同理，设 $\pi_1 \in D_{n'}^r, \pi_1 = (1'\ 2'\ \cdots\ n')$ 则 $D_{n'}^r$ 的元素记为 $\pi_1, \pi_1^2, \cdots \pi_1^n = e'$ 其中 e' 是 $D_{n'}^r$ 的单位元.

当 n 是偶数时，正棱柱 H 的点置换有3类：

（1）第一类置换：$D_n^r + D_{n'}^r$，共有 n 个置换.

（2）第二类置换：绕 xx' 轴旋转 $180°$，其中 xx' 轴是两个对应棱的中点的连线，此类轴有 $\dfrac{n}{2}$ 个，所以对应的置换也有 $\dfrac{n}{2}$ 个，如下所示：

$$(1,1')[\frac{n}{2}+1, (\frac{n}{2}+1)'](2,n')(n,2')\cdots[\frac{n}{2}(\frac{n}{2}+2)'][\frac{n}{2}+2, (\frac{n}{2})'],$$

$$(2,2')[\frac{n}{2}+2,(\frac{n}{2}+2)'](1,3')(3,1')\cdots[\frac{n}{2}+1,(\frac{n}{2}+3)'][\frac{n}{2}+3,(\frac{n}{2}+1)'],$$

$$[\frac{n}{2},(\frac{n}{2})'](n,n')[\frac{n}{2}-1,(\frac{n}{2}+1)'][\frac{n}{2}+1,(\frac{n}{2}-1)']\cdots[1,(n-1)'](n-1,1'].$$

（3）第三类置换:绕 yy' 轴旋转 180°，其中 yy' 轴是两个对应面的中心的连线，此类轴有 $\frac{n}{2}$ 个，所以对应的置换也有 $\frac{n}{2}$ 个，如下所示：

$$(1,2')(2,1')(3,n')(n,3')\cdots[\frac{n}{2}+1,(\frac{n}{2}+2)'][\frac{n}{2}+2,(\frac{n}{2}+1)'],$$

$$(2,3')(3,2')(1,4')(4,1')\cdots[\frac{n}{2}+2,(\frac{n}{2}+3)'][\frac{n}{2}+3,(\frac{n}{2}+2)'],$$

$$[\frac{n}{2},(\frac{n}{2}+1)'][\frac{n}{2}+1,(\frac{n}{2})'][\frac{n}{2}-1,(\frac{n}{2}+2)'][\frac{n}{2}+2,(\frac{n}{2}-1)']\cdots(n,1')(1,n').$$

当 n 是奇数时，正棱柱 H 的点置换有2类:

（1）第一类置换: $D_n^r + D_{n'}^r$，共有 n 个置换.

（2）第四类置换:绕 zz' 轴旋转 180°，其中 zz' 轴是一条棱的中点与对应面的中心的连线，此类轴有 n 个，所以对应的置换也有 n 个，如下所示：

$$(1,1')(2,n')(n,2')[3,(n-1)'](n-1,3')\cdots[\frac{n+1}{2},(\frac{n+3}{2})'][\frac{n+3}{2},(\frac{n+1}{2})'],$$

$$(2,2')(1,3')(3,1')(4,n')(n,4')\cdots[\frac{n+3}{2},(\frac{n+5}{2})'][\frac{n+5}{2},(\frac{n+3}{2})'],$$

$$(n,n')[1,(n-1)'](n-1,1')[2,(n-2)'](n-2,2')\cdots[\frac{n-1}{2},(\frac{n+1}{2})'][\frac{n+1}{2},(\frac{n-1}{2})'].$$

定理4.2.1 设 $G \cong H$ 是 $g \in G_{2n}$ 的无标号图，$P=A(g)$，则

当 n 是偶数时，

$$\chi_P(G,k)=\frac{1}{2n}\{\sum_{d|n,d\neq 1}\varphi(\frac{n}{d})[(k^2-3k+3)^d+(k-1)(3-k)^d$$

$$-(1-k)^{d+1}]+k^2-3k+1+\frac{n}{2}k(k-1)(k^2-3k+3)^{\frac{n}{2}-1}\}$$

当 n 是奇数时，

$$\chi_P(G,k)=\frac{1}{2n}\sum_{d|n,d\neq 1}\varphi(\frac{n}{d})[(k^2-3k+3)^d$$

$$+(k-1)(3-k)^d-(1-k)^{d+1}]+k^2-3k+1.$$

证　因为 $P=A(g)$ 且 $|P|=4n$，分情况讨论：

（1）若 π 属于第一类置换，即

$\pi \in D_n^r + D_{n,}^r, \pi_0 = (1\ 2\ \cdots\ n),\ \pi_1 = (1'\ 2'\ \cdots\ n')$，则

$\pi_0^n = e, \pi_1^n = e$，所以存在 $m \in Z^+$，使得 $\pi = \pi_0^m + \pi_1^m$.

(a) 当 $(m,n) = 1$ 时，$c(\pi) = c(\pi_0^m) + c(\pi_1^m) = 2, \pi_0^m$ 与 π_1^m 中均含 g 的相邻顶点，这时 $\chi(g, \pi, k) = 0$；

(b) 当 $(m,n) = d, 2 \leq d \leq n$ 时，π_0^m 与 π_1^m 的阶为 $\dfrac{n}{d}$，所以 $c(\pi_0^m) = d, c(\pi_1^m) = d$，因此 $c(\pi) = c(\pi_0^m) + c(\pi_1^m) = 2d$，因为 π_0^m 的循环节中的点以距离为 d 平均分布在 C_n 上，同样，π_1^m 的循环节中的点以距离为 d 平均分布在 $C_{n'}$ 上，且 $(m,n) = d \geq 2$，所以 π_0^m，π_1^m 中无循环节含 g 的相邻顶点，当 $d = 2$ 时 $g / \pi \cong c_4, c_4 = H_2$，当 $d > 2$ 时，$g / \pi \cong H_d$，所以

$$\chi(g, \pi, k) = \chi(g/(\pi_0^m + \pi_1^m), k) = \chi(H_d, k) = (k^2 - 3k + 3)^d$$
$$+ (k-1)[(3-k)^d + (1-k)^d] + k^2 - 3k + 1.$$

(2) 当 n 是偶数，

(a) π 属于第二类置换时，$\dfrac{n}{2}$ 个 π 的某循环节中含 g 的相邻顶点，这时 $\chi(g, \pi, k) = 0$；

(b) π 属于第三类置换时，$\dfrac{n}{2}$ 个 π 的循环节中均不含 g 的相邻顶点，所以 $\chi(g, \pi, k) \neq 0$，且

$$g / \pi \cong B_{\frac{n}{2}}, \chi(g, \pi, k) = \chi(g/\pi, k)$$

$$= \chi(B_{\frac{n}{2}}, k) = k(k-1)(k^2 - 3k + 3)^{\frac{n}{2} - 1}.$$

(3) 当 n 是奇数，π 属于第四类置换时，n 个 π 的某循环节中含 g 的相邻顶点，这时 $\chi(g, \pi, k) = 0$. 综上可得，

(a) n 是偶数时，

$$\chi_P(G, k) = \frac{1}{|P \cap A(g)|} \sum_{\pi \in P \cap A(g)} \chi(g, \pi, k) = \frac{1}{|P|} \sum_{\pi \in P} \chi(g, \pi, k)$$

$$= \frac{1}{2n} \{ \sum_{d|n, d \neq 1} \varphi(\frac{n}{d}) \chi(H_d, k) + \frac{n}{2} \chi(B_{\frac{n}{2}}, k) \}$$

$$= \frac{1}{2n} \{ \sum_{d|n, d \neq 1} \varphi(\frac{n}{d})[(k^2 - 3k + 3)^d + (k-1)(3-k)^d - (1-k)^{d+1}]$$

$$+ k^2 - 3k + 1] + \frac{n}{2} k(k-1)(k^2 - 3k + 3)^{\frac{n}{2} - 1} \}.$$

(b) n 是奇数时，

$$\chi_P(G,k) = \frac{1}{|P \cap A(g)|} \sum_{\pi \in P \cap A(g)} \chi(g,\pi,k) = \frac{1}{|P|} \sum_{\pi \in P} \chi(g,\pi,k)$$

$$= \frac{1}{2n} \sum_{d|n,d \neq 1} \varphi(\frac{n}{d}) \chi(H_d,k) = \frac{1}{2n} \sum_{d|n,d \neq 1} \varphi(\frac{n}{d}) [(k^2 - 3k + 3)^d$$

$$+ (k-1)(3-k)^d - (1-k)^{d+1}] + k^2 - 3k + 1].$$

定理4.2.2 设

$h, g \in G_{2n}, h \cong H, g \cong nK_2, E(g) = \{(11'),(22'),\cdots,(nn')\}$，令 G 是构造图为 h，约束图为 g 的SC-图，则

当 n 是偶数时，$\chi_P(G,k) = \frac{1}{2n}[\sum_{d|n} \varphi(\frac{n}{d}) k^d (k-1)^d + \frac{n}{2} k^{\frac{n}{2}} (k-1)^{\frac{n}{2}}]$;

当 n 是奇数时，$\chi_P(G,k) = \frac{1}{2n} \sum_{d|n} \varphi(\frac{n}{d}) k^d (k-1)^d$.

证 因为 $P = A(h) \subseteq A(g)$，所以 $P \cap A(g) = P$ 且 $|P| = 4n$，分情况讨论:

（1）若 π 属于第一类置换，即 $\pi \in D_n^r + D_{n'}^r, \pi_0 = (1\ 2 \cdots n), \pi_1 = (1'\ 2'\cdots n')$，则 $\pi_0^n = e, \pi_1^n = e$，所以存在 $m \in Z^+$，使得 $\pi = \pi_0^m + \pi_1^m$。

（a）当 $(m,n) = 1$ 时，$c(\pi) = c(\pi_0^m) + c(\pi_1^m) = 2$，这时

$$\chi(g,\pi,k) = \chi(K_2,k) = k(k-1);$$

（b）当 $(m,n) = d, 2 \leq d \leq n$ 时，π_0^m 与 π_1^m 的阶为 $\frac{n}{d}$，所以 $c(\pi_0^m) = d, c(\pi_1^m) = d$，因此 $c(\pi) = c(\pi_0^m) + c(\pi_1^m) = 2d$，这时

$$\chi(g,\pi,k) = \chi(dK_2,k) = k^d(k-1)^d,$$

所以当 $1 \leq d \leq n$ 时，$\chi(g,\pi,k) = \chi(dK_2,k) = k^d(k-1)^d$.

（2）当 n 是偶数，

（a）π 属于第二类置换时，$\frac{n}{2}$ 个 π 的某循环节中含 g 的相邻顶点，这时 $\chi(g,\pi,k) = 0$;

（b）π 属于第三类置换时，$\frac{n}{2}$ 个 π 的循环节中均不含 g 的相邻顶点，所以 $\chi(g,\pi,k) \neq 0$，且

$$g/\pi \cong \frac{n}{2} K_2, \chi(g,\pi,k) = \chi(g/\pi,k) = \chi(\frac{n}{2} K_2,k) = k^{\frac{n}{2}}(k-1)^{\frac{n}{2}}.$$

（3）当 n 是奇数，π 属于第四类置换时，n 个 π 的某循环节中含 g 的相邻顶点，这时 $\chi(g,\pi,k) = 0$,

综上可得，当 n 是偶数时，

$$\chi_P(G,k) = \frac{1}{|P \cap A(g)|} \sum_{\pi \in P \cap A(g)} \chi(g,\pi,k) = \frac{1}{|P|} \sum_{\pi \in P} \chi(g,\pi,k)$$

$$= \frac{1}{2n}[\sum_{d|n} \varphi(\frac{n}{d})k^d(k-1)^d + \frac{n}{2}k^{\frac{n}{2}}(k-1)^{\frac{n}{2}}];$$

当 n 是奇数时, $\chi_P(G,k) = \frac{1}{2n} \sum_{d|n} \varphi(\frac{n}{d})k^d(k-1)^d$.

定理4.2.3 设 $h,g \in G_{2n}, h \cong H, g \cong O_{2n}$, 令 G 是构造图为 h, 约束图为 g 的SC-图, 则

$$\chi_P(G,k) = \frac{1}{2n}[\sum_{d|n} \varphi(\frac{n}{d})k^{2d} + nk^n].$$

证 因为 $g \cong O_{2n}$, 所以 $A(g) = S_{2n}$, 因此 $P \cap A(g) = P$ 且 $|P| = 2n$, 分情况讨论:

（1）若 π 属于第一类置换, 即 $\pi \in D_n^r + D_{n'}^r$, 设 $\pi_0 = (1 \ 2 \ \cdots \ n), \pi_1 = (1' \ 2' \cdots \ n')$, 则 $\pi_0^n = e, \pi_1^n = e$, 所以存在 $m \in Z^+$, 使得 $\pi = \pi_0^m + \pi_1^m$. 令 $(m,n) = d$, 因为 π_0^m 与 π_1^m 的阶为 $\frac{n}{d}$, 所以 $c(\pi_0^m) = d, c(\pi_1^m) = d$, 因此 $c(\pi) = c(\pi_0^m) + c(\pi_1^m) = 2d$, 这时 $g/(\pi_0^m + \pi_1^m) \cong O_{2d}$, 所以 $\chi(g,\pi,k) = \chi(g/(\pi_0^m + \pi_1^m),k) = \chi(O_{2d},k) = k_{2d}$.

（2）当 n 是偶数,

（a）π 属于第二类置换时, $g/\pi \cong O_n$, 这时
$$\chi(g,\pi,k) = \chi(g/\pi,k) = \chi(O_n,k) = k^n.$$

（b）π 属于第三类置换时, $g/\pi \cong O_n$, 这时
$$\chi(g,\pi,k) = \chi(g/\pi,k) = \chi(O_n,k) = k^n.$$

（3）当 n 是奇数, π 属于第四类置换时, $g/\pi \cong O_n$, 这时
$$\chi(g,\pi,k) = \chi(g/\pi,k) = \chi(O_n,k) = k^n.$$

无论 n 是偶数还是奇数, 都有 n 个 π 使得 $g/\pi \cong O_n$,
$$\chi(g,\pi,k) = \chi(g/\pi,k) = \chi(O_n,k) = k^n.$$
所以
$$\chi_P(G,k) = \frac{1}{2n}[\sum_{d|n} \varphi(\frac{n}{d})k^{2d} + nk^n].$$

定理4.2.4 设 $h,g \in G_{2n}, h \cong H, g \cong C_n \cup C_{n'}$, 令 G 是构造图为 h, 约束图为 g 的SC-图, 则

$$\chi_P(G,k) = \frac{1}{2n}\{\sum_{d|n,d \neq 1} \varphi(\frac{n}{d})[(k-1)^d + (-1)^d(k-1)]^2 + n(k-1)^n + n(-1)^n(k-1)\}.$$

证 因为 $P = A(h) \subseteq A(g)$, 因此 $P \cap A(g) = P, |P| = 2n$, 分情况讨论:

（1）若 π 属于第一类置换，即 $\pi \in D_n^r + D_{n'}^r$ ，设 $\pi_0 = (1\ 2\ \cdots\ n\ )$ ，$\pi_1 = (1'\ 2'\ \cdots\ n'\ )$ ，则 $\pi_0^n = e, \pi_1^n = e$ ，所以存在 $m \in Z^+$ ，使得 $\pi = \pi_0^m + \pi_1^m$ 。

（a）当 $(m, n) = 1$ 时，$c(\pi) = c(\pi_0^m) + c(\pi_1^m) = 2$ ，π_0^m 与 π_1^m 中均含 g 的相邻顶点，这时 $\chi(g, \pi, k) = 0$.

（b）当 $(m, n) = d, 2 \leq d \leq n$ 时，π_0^m 与 π_1^m 的阶为 $\dfrac{n}{d}$ ，所以 $c(\pi_0^m) = d, c(\pi_1^m) = d$ ，因此 $c(\pi) = c(\pi_0^m) + c(\pi_1^m) = 2d$ ，因为 π_0^m 的循环节中的点以距离为 d 平均分布在 C_n 上，同样，π_1^m 的循环节中的点以距离为 d 平均分布在 $C_{n'}$ 上，且 $(m, n) = d \geq 2$ ，所以 π_0^m, π_1^m 中无循环节含 g 的相邻顶点，且 $g / \pi \cong C_d \cup C_{d'}$ ，这时

$$\chi(g, \pi, k) = \chi(C_d \cup C_{d'}, k) = [(k-1)^d + (-1)^d(k-1)]^2 .$$

（2）当 n 是偶数，

（a）π 属于第二类置换时，$g / \pi \cong C_n$ ，这时

$$\chi(g, \pi, k) = \chi(g / \pi, k) = \chi(C_n, k) = (k-1)^n + (-1)^n(k-1) .$$

（b）π 属于第三类置换时，$g / \pi \cong C_n$ ，这时

$$\chi(g, \pi, k) = \chi(g / \pi, k) = \chi(C_n, k) = (k-1)^n + (-1)^n(k-1) .$$

（3）当 n 是奇数，π 属于第四类置换时，$g / \pi \cong C_n$ ，这时

$$\chi(g, \pi, k) = \chi(g / \pi, k) = \chi(C_n, k) = (k-1)^n + (-1)^n(k-1) .$$

无论 n 是偶数还是奇数，都有 n 个 π 使得 $g / \pi \cong C_n$ ，这时 $\chi(g, \pi, k) = \chi(g / \pi, k) = \chi(C_n, k) = (k-1)^n + (-1)^n(k-1)$.

所以，

$$\chi_P(G, k) = \frac{1}{2n} \{ \sum_{d|n, d \neq 1} \varphi(\frac{n}{d})[(k-1)^d + (-1)^d(k-1)]^2 + n(k-1)^n + n(-1)^n(k-1) \} .$$

4.3 棱柱图的着色问题

由参考文献 [3] 知 C_n 的置换是 n 个旋转 D_n^r 和 n 个反射 D_n^f 构成，同样，$C_{n'}$ 的置换是 n 个旋转 $D_{n'}^r$ 和 n 个反射 $D_{n'}^f$ 构成. 记 $\pi_2 = (11')(22')\cdots(nn')$ ，棱柱图 H 的侧面依次记为 $f_1, f_2, \cdots, f_n$ ，上下两面分别记为 f_{n+1}, f_{n+2} .

棱柱图 H 的点置换：$D_n^r + D_{n'}^r, D_n^f + D_{n'}^f$ ，$(D_n^r + D_{n'}^r)\pi_2, (D_n^f + D_{n'}^f)\pi_2$ ，棱柱图 H 的面置换：棱柱图 H 的对偶图是两轴心不相邻的双轴轮图，所以面置换有 $(n+1) + (n+2) + D_n^r, (n+1) + (n+2) + D_n^f$ ，$(n+1, n+2) + D_n^r, (n+1, n+2) + D_n^f$.

定理4.3.1　设 $h,g \in G_{2n}, h \cong H, g \cong K_{2n}$，令 G 是构造图为 h，约束图为 g 的SC–图，

则 $\chi_P(G,k) = \dfrac{1}{4n}\displaystyle\prod_{i=0}^{2n-1}(k-i)$.

证　因为 $g \cong K_{2n}$，所以 $A(g) = S_{2n}$，因此 $P \cap A(g) = P$ 且 $|P| = 4n$．又因为 P 中除 e 外其余任何置换中均存在某个循环节含 g 的相邻顶点，所以，当 $\pi \neq e$ 时 $\chi(g,\pi,k) = 0$，因此可得

$$\chi_P(G,k) = \frac{1}{|P \cap A(g)|}\sum_{\pi \in P \cap A(g)}\chi(g,\pi,k) = \frac{1}{|P|}\chi(g,e,k)$$

$$= \frac{1}{4n}\chi(K_{2n},k) = \frac{1}{4n}\prod_{i=0}^{2n-1}(k-i).$$

定理4.3.2　设 $G \cong H$ 是 $g \in G_{2n}$ 的无标号图，$P = A(g)$，则当 n 是偶数时，

（a）$\dfrac{n}{d}$ 是偶数时，

$$\chi_P(G,k) = \frac{1}{4n}\{\sum_{d|n,d\neq 1}\varphi(\frac{n}{d})[2(k^2-3k+3)^d + 2(k-1)(3-k)^d$$

$$+k^2-3k] + \varphi(n)k(k-1) + \frac{n}{2}k(k-1)(k^2-3k+3)^{\frac{n}{2}-1}(k^2-3k+4)\};$$

（b）$\dfrac{n}{d}$ 是奇数时，

$$\chi_P(G,k) = \frac{1}{4n}\{\sum_{d|n,d\neq 1}\varphi(\frac{n}{d})[(k^2-3k+3)^d + (k-1)(3-k)^d$$

$$-(1-k)^{d+1}+k^2-3k+1] + \frac{n}{2}k(k-1)(k^2-3k+3)^{\frac{n}{2}-1}(k^2-3k+4)\}$$

当 n 是奇数时，

$$\chi_P(G,k) = \frac{1}{4n}\sum_{d|n,d\neq 1}\varphi(\frac{n}{d})[(k^2-3k+3)^d$$

$$+(k-1)(3-k)^d-(1-k)^{d+1}+k^2-3k+1].$$

证　因为 $P = A(g)$ 且 $|P| = 4n$，分情况讨论：

（1）若 $\pi \in D_n^r + D_{n'}^r$，设 $\pi_0 = (1\ 2\ \cdots\ n), \pi_1 = (1'\ 2'\cdots\ n')$，则 $\pi_0^n = e, \pi_1^n = e$，所以存在 $m \in Z^+$，使得 $\pi = \pi_0^m + \pi_1^m$.

（a）当 $(m,n) = 1$ 时，$c(\pi) = c(\pi_0^m) + c(\pi_1^m) = 2, \pi_0^m$ 与 π_1^m 中均含 g 的相邻顶点，这时 $\chi(g,\pi,k) = 0$；

(b) 当 $(m,n)=d, 2 \leq d \leq n$ 时，π_0^m 与 π_1^m 的阶为 $\dfrac{n}{d}$，所以 $c(\pi_0^m)=d, c(\pi_1^m)=d$．因此 $c(\pi)=c(\pi_0^m)+c(\pi_1^m)=2d$，因为 π_0^m 的循环节中的点以距离为 d 平均分布在 C_n 上，同样，π_1^m 的循环节中的点以距离为 d 平均分布在 $C_{n'}$ 上，且 $(m,n)=d \geq 2$，所以 π_0^m, π_1^m 中无循环节含 g 的相邻顶点，当 $d=2$ 时 $g/\pi \cong c_4, c_4=H_2$ 当 $d>2$ 时，$g/\pi \cong H_d$，所以

$$\chi(g,\pi,k) = \chi(g/(\pi_0^m+\pi_1^m),k) = \chi(H_d,k)$$
$$= (k^2-3k+3)^d + (k-1)[(3-k)^d+(1-k)^d] + k^2-3k+1.$$

(2) 若 $\pi \in (D_n^r + D_{n'}^r)\pi_2$，设

$$\pi_0 = (1\ 2\ \cdots\ n), \pi_1=(1'\ 2'\ \cdots\ n'), \pi_2=(11')(22')\cdots(nn') \ \text{则}\ \pi_0^n=e, \pi_1^n=e，所以存在 m \in Z^+，使得 \pi=(\pi_0^m+\pi_1^m)\pi_2.$$

(a) 当 $(m,n)=1$ 时，

(i) n 是偶数时，$c[(\pi_0^m+\pi_1^m)\pi_2]=2$，这时 $\chi(g,\pi,k)=k(k-1)$；

(ii) n 是奇数时，$c[(\pi_0^m+\pi_1^m)\pi_2]=1$，这时 $\chi(g,\pi,k)=0$．

(b) 当 $(m,n)=d, 2 \leq d \leq n$ 时，每个循环节中无 C_n 的相邻顶点，也无 $C_{n'}$ 的相邻顶点，只可能含 C_n 与 $C_{n'}$ 相对应的相邻顶点．当 $\dfrac{n}{d}$ 是偶数时，π 中无循环节含 g 的相邻顶点，当 $\dfrac{n}{d}$ 是奇数时，π 中每个循环节均含 g 的相邻顶点．

综上可知，当 n 是奇数时，$\dfrac{n}{d}$ 不能是偶数，所以这时 $\chi(g,\pi,k)=0$，当 n 是偶数且 $\dfrac{n}{d}$ 是偶数时，若 $d=2$ 则 $g/\pi \cong M_2, M_2=K_4$，当 $d>2$ 时，$g/\pi \cong M_d$，

$$\chi(g,\pi,k) = \chi(g/\pi,k) = \chi(M_d,k)$$
$$= (k^2-3k+3)^d + (k-1)[(3-k)^d-(1-k)^d] - 1,$$

当 n 是偶数且 $\dfrac{n}{d}$ 是奇数时，$\chi(g,\pi,k)=0$．

(3) 若 $\pi \in D_n^f + D_{n'}^f$，记 $\pi=\pi'+\pi''$，

(a) 当 n 是偶数时，D_n^f 中有 $\dfrac{n}{d}$ 个 π 的某循环节含 g 的相邻顶点，另外 $\dfrac{n}{2}$ 个 π' 中均不含 g 的相邻顶点，同样，$D_{n'}^f$ 中有 $\dfrac{n}{2}$ 个 π'' 的某循环节含 g 的相邻顶点，另外 $\dfrac{n}{2}$ 个 π'' 中均不含 g 的相邻顶点．所以，当 $\pi \in D_n^f + D_{n'}^f$ 时有 $\dfrac{n}{2}$ 个 π

使得 $\chi(g,\pi,k)=0$，另外 $\dfrac{n}{2}$ 个 π 使得

$$\chi(g,\pi,k) = \chi(g/\pi,k) = \chi(B_{\frac{n}{2}+1},k) = k(k-1)(k^2-3k+3)^{\frac{n}{2}};$$

（b）当 n 是奇数时，D_n^f 的任何 π' 的某循环节中含 g 的相邻顶点，同样，$D_{n'}^f$ 的任何 π'' 的某循环节中含 g 的相邻顶点，所以，这时 $\chi(g,\pi,k)=0$.

（4）若 $\pi \in (D_n^f + D_{n'}^f)\pi_2$，记 $\pi = (\pi'+\pi'')\pi_2$，

（a）当 n 是偶数时，$\dfrac{n}{2}$ 个 π 的某循环节中含 g 的相邻顶点，这时 $\chi(g,\pi,k)=0$，另外

$\dfrac{n}{2}$ 个 $g \backslash pi g$ 循环节中不含 g 的相邻顶点，所以 $\chi(g,\pi,k) \neq 0$，且

$$\chi(g,\pi,k) = \chi(g/\pi,k) = \chi(B_{\frac{n}{2}},k) = k(k-1)(k^2-3k+3)^{\frac{n}{2}-1};$$

（b）当 n 是奇数时，对每个 $\pi \in (D_n^f + D_{n'}^f)\pi_2$ 都存在某循环节中含 g 的相邻顶点，所以 $\chi(g,\pi,k)=0$.

综上可得，当 n 是偶数时，

（a）$\dfrac{n}{d}$ 是偶数时，

$$\chi_P(G,k) = \frac{1}{|P \cap A(g)|} \sum_{\pi \in P \cap A(g)} \chi(g,\pi,k) = \frac{1}{|P|} \sum_{\pi \in P} \chi(g,\pi,k)$$

$$= \frac{1}{4n}\{ \sum_{d|n,d \neq 1} \varphi(\frac{n}{d})\chi(H_d,k) + \varphi(n)k(k-1) + \sum_{d|n,d \neq 1} \varphi(\frac{n}{d})\chi(M_d,k)$$

$$+ \frac{n}{2}k(k-1)(k^2-3k+3)^{\frac{n}{2}} + \frac{n}{2}k(k-1)(k^2-3k+3)^{\frac{n}{2}-1}\}$$

$$= \frac{1}{4n}\{ \sum_{d|n,d \neq 1} \varphi(\frac{n}{d})[2(k^2-3k+3)^d + 2(k-1)(3-k)^d + k^2-3k]$$

$$+ \varphi(n)k(k-1) + \frac{n}{2}k(k-1)(k^2-3k+3)^{\frac{n}{2}-1}(k^2-3k+4)\}$$

（b）$\dfrac{n}{d}$ 是奇数时，

$$\chi_P(G,k) = \frac{1}{4n}\{ \sum_{d|n,d \neq 1} \varphi(\frac{n}{d})\chi(H_d,k) + + \frac{n}{2}k(k-1)(k^2-3k+3)^{\frac{n}{2}}$$

$$+ \frac{n}{2}k(k-1)(k^2-3k+3)^{\frac{n}{2}-1}\}$$

$$= \frac{1}{4n}\{\sum_{d|n,d\neq1}\varphi(\frac{n}{d})[(k^2-3k+3)^d+(k-1)(3-k)^d-(1-k)^{d+1}+k^2-3k+1]$$

$$+\frac{n}{2}k(k-1)(k^2-3k+3)^{\frac{n}{2}-1}(k^2-3k+4)\}.$$

当 n 是奇数时,

定理 4.3.3 设

$h,g\in G_{2n},h\cong H,g\cong nK_2,E(g)=\{(11'),(22'),\cdots,(nn')\}$, 令 G 是构造图为 h, 约束图为 g 的SC–图, 则

当 n 是偶数时,

(a) $\frac{n}{d}$ 是偶数时,

$$\chi_P(G,k)=\frac{1}{4n}[2\sum_{d|n}\varphi(\frac{n}{d})k^d(k-1)^d+\frac{n}{2}k^{\frac{n}{2}}(k-1)^{\frac{n}{2}}(k^2-k+2)];$$

(b) $\frac{n}{d}$ 是奇数时,

$$\chi_P(G,k)=\frac{1}{4n}[\sum_{d|n}\varphi(\frac{n}{d})k^d(k-1)^d+\frac{n}{2}k^{\frac{n}{2}}(k-1)^{\frac{n}{2}}(k^2-k+2)].$$

当 n 是奇数时, $\chi_P(G,k)=\frac{1}{4n}[\sum_{d|n}\varphi(\frac{n}{d})k^d(k-1)^d+nk^{\frac{n+1}{2}}(k-1)^{\frac{n+1}{2}}].$

证 因为 $P=A(h)\subseteq A(g)$, 所以 $P\cap A(g)=P$ 且 $|P|=4n$, 分情况讨论:

(1) 若 $\pi\in D_n^r+D_{n'}^r$, 设 $\pi_0=(12\cdots n),\pi_1=(1'2'\cdots n')$, 则 $\pi_0^n=e,\pi_1^n=e$, 所以存在 $m\in Z^+$, 使得 $\pi=\pi_0^m+\pi_1^m$.

(a) 当 $(m,n)=1$ 时, $c(\pi)=c(\pi_0^m)+c(\pi_1^m)=2$, 这时

$$\chi(g,\pi,k)=\chi(K_2,k)=k(k-1);$$

(b) 当 $(m,n)=d,2\leqslant d\leqslant n$ 时, π_0^m 与 π_1^m 的阶为 $\frac{n}{d}$, 所以 $c(\pi_0^m)=d,c(\pi_1^m)=d$, 因此 $c(\pi)=c(\pi_0^m)+c(\pi_1^m)=2d$, 这时

$$\chi(g,\pi,k)=\chi(dK_2,k)=k^d(k-1)^d,$$

所以当 $1\leqslant d\leqslant n$ 时,

$$\chi(g,\pi,k)=\chi(dK_2,k)=k^d(k-1)^d.$$

(2) 若 $\pi\in(D_n^r+D_{n'}^r)\pi_2$, 设

$\pi_0=(1\ 2\ \cdots\ n\ ),\pi_1=(1'\ 2'\cdots\ n'),\pi_2=(11')(22')\cdots(nn')$ 则 $\pi_0^n=e,\pi_1^n=e$,

所以存在 $m \in Z^+$，使得 $\pi = (\pi_0^m + \pi_1^m)\pi_2$.

(a) 当 $(m, n) = 1$ 时，

(i) n 是偶数时，$c[(\pi_0^m + \pi_1^m)\pi_2] = 2$，这时 $\chi(g, \pi, k) = k(k-1)$；

(ii) n 是奇数时，$c[(\pi_0^m + \pi_1^m)\pi_2] = 1$，这时 $\chi(g, \pi, k) = 0$.

(b) $(m, n) = d, 2 \leq d \leq n$，且 当 $\dfrac{n}{d}$ 是偶数时，π 中无循环节含 g 的相邻顶点，当 $\dfrac{n}{d}$ 是奇数时，π 中每个循环节均含 g 的相邻顶点.

综上可知，当 n 是奇数时，$\dfrac{n}{d}$ 不能是偶数，所以这时 $\chi(g, \pi, k) = 0$，当 n 是偶数且 $\dfrac{n}{d}$ 是偶数时，

$$\chi(g, \pi, k) = \chi(g / \pi, k) = \chi(dK_2, k) = k^d (k-1)^d,$$

所以当 $1 \leq d \leq n$ 时，$\chi(g, \pi, k) = \chi(dK_2, k) = k^d (k-1)^d$.

当 n 是偶数且 $\dfrac{n}{d}(2 \leq d \leq n)$ 是奇数时，$\chi(g, \pi, k) = 0$.

(3) 若 $\pi \in D_n^f + D_{n'}^f$，记 $\pi = \pi' + \pi''$，

(a) 当 n 是偶数时，π 中无循环节含 g 的相邻顶点，且 $\dfrac{n}{2}$ 个 π 使得 $g / \pi \cong \dfrac{n}{2} K_2$，所以

$$\chi(g, \pi, k) = \chi(\dfrac{n}{2} K_2, k) = k^{\frac{n}{2}} (k-1)^{\frac{n}{2}},$$

另外 $\dfrac{n}{2}$ 个 π 使得 $g / \pi \cong (\dfrac{n}{2} + 1) K_2$，所以

$$\chi(g, \pi, k) = \chi[(\dfrac{n}{2} + 1) K_2, k] = k^{\frac{n}{2}+1} (k-1)^{\frac{n}{2}+1};$$

(b) 当 n 是奇数时，π 中无循环节含 g 的相邻顶点，且 n 个 π 使得

$$g / \pi \cong \dfrac{n+1}{2} K_2, \chi(g, \pi, k) = \chi(\dfrac{n+1}{2} K_2, k) = k^{\frac{n+1}{2}} (k-1)^{\frac{n+1}{2}}.$$

(4) 若 $\pi \in (D_n^f + D_{n'}^f)\pi_2$，记 $\pi = (\pi' + \pi'')\pi_2$，

(a) 当 n 是偶数时 $\dfrac{n}{2}$ 个 π 的某循环节中含 g 的相邻顶点，这时 $\chi(g, \pi, k) = 0$，另外 $\dfrac{n}{2}$ 个 π 循环节中不含 g 的相邻顶点，且 $g / \pi \cong \dfrac{n}{2} K_2$，

$$\chi(g, \pi, k) = \chi(g / \pi, k) = \chi(\dfrac{n}{2} K_2, k) = k^{\frac{n}{2}} (k-1)^{\frac{n}{2}};$$

(b) 当 n 是奇数时，对每个 $\pi \in (D_n^f + D_{n'}^f)\pi_2$ 都存在某循环节中含 g 的相邻顶点，所以

$$\chi(g,\pi,k)=0.$$

综上可得，当 n 是偶数时，

（a）$\dfrac{n}{d}$ 是偶数时，

$$\chi_P(G,k)=\frac{1}{|P\cap A(g)|}\sum_{\pi\in P\cap A(g)}\chi(g,\pi,k)=\frac{1}{|P|}\sum_{\pi\in P}\chi(g,\pi,k)$$

$$=\frac{1}{4n}[\sum_{d|n}\varphi(\frac{n}{d})k^d(k-1)^d+\sum_{d|n}\varphi(\frac{n}{d})k^d(k-1)^d+\frac{n}{2}k^{\frac{n}{2}}(k-1)^{\frac{n}{2}}$$

$$+\frac{n}{2}k^{\frac{n}{2}+1}(k-1)^{\frac{n}{2}+1}+\frac{n}{2}k^{\frac{n}{2}}(k-1)^{\frac{n}{2}}]$$

$$=\frac{1}{4n}[2\sum_{d|n}\varphi(\frac{n}{d})k^d(k-1)^d+\frac{n}{2}k^{\frac{n}{2}}(k-1)^{\frac{n}{2}}(k^2-k+2)]$$

（b）$\dfrac{n}{d}$ 是奇数时，

$$\chi_P(G,k)=\frac{1}{4n}[\sum_{d|n}\varphi(\frac{n}{d})k^d(k-1)^d+\frac{n}{2}k^{\frac{n}{2}}(k-1)^{\frac{n}{2}}$$

$$+\frac{n}{2}k^{\frac{n}{2}+1}(k-1)^{\frac{n}{2}+1}+\frac{n}{2}k^{\frac{n}{2}}(k-1)^{\frac{n}{2}}]$$

$$=\frac{1}{4n}[\sum_{d|n}\varphi(\frac{n}{d})k^d(k-1)^d+\frac{n}{2}k^{\frac{n}{2}}(k-1)^{\frac{n}{2}}(k^2-k+2)];$$

当 n 是奇数时，

$$\chi_P(G,k)=\frac{1}{4n}[\sum_{d|n}\varphi(\frac{n}{d})k^d(k-1)^d+nk^{\frac{n+1}{2}}(k-1)^{\frac{n+1}{2}}].$$

定理4.3.4 设 $h,g\in G_{2n},h\cong H,g\cong O_{2n}$，令 G 是构造图为 h，约束图为 g 的SC–图，则当 n 是偶数时，

（a）$\dfrac{n}{d}$ 是偶数时，$\chi_P(G,k)=\dfrac{1}{4n}[2\sum_{d|n}\varphi(\frac{n}{d})k^{2d}+\frac{n}{2}k^n(k^2+3)]$；

（b）$\dfrac{n}{d}$ 是奇数时，

$$\chi_P(G,k)=\frac{1}{4n}[\sum_{d|n}\varphi(\frac{n}{d})k^{2d}+\sum_{d|n,d\neq 1}\varphi(\frac{n}{d})k^d+\varphi(n)k^2+\frac{n}{2}k^n(k^2+3)].$$

当 n 是奇数时，$\chi_P(G,k)=\dfrac{1}{4n}[\sum_{d|n}\varphi(\frac{n}{d})k^d(k^d+1)+nk^n(k+1)].$

证 因为 $g\cong O_{2n}$，所以 $A(g)=S_{2n}$，因此 $P\cap A(g)=P$ 且 $|P|=4n$，分情况讨论：

（1）若 $\pi \in D_n^r + D_{n'}^r$ ，设 $\pi_0 = (12\cdots n), \pi_1 = (1'2'\cdots n')$ ，则 $\pi_0^n = e, \pi_1^n = e$ ，所以存在 $m \in Z^+$，使得 $\pi = \pi_0^m + \pi_1^m$. 令 $(m,n) = d$ ，因为 π_0^m 与 π_1^m 的阶为 $\dfrac{n}{d}$ ，所以 $c(\pi_0^m) = d, c(\pi_1^m) = d$. 因此 $c(\pi) = c(\pi_0^m) + c(\pi_1^m) = 2d$ ，这时 $g / (\pi_0^m + \pi_1^m) \cong O_{2d}$ ，所以 $\chi(g, \pi, k) = \chi(g / (\pi_0^m + \pi_1^m), k) = \chi(O_{2d}, k) = k^{2d}$.

（2）若 $\pi \in (D_n^r + D_{n'}^r)\pi_2$ ，设

$\pi_0 = (1\ 2\ \cdots\ n), \pi_1 = (1'\ 2'\ \cdots\ n'), \pi_2 = (11')(22')\cdots(nn')$ 则 $\pi_0^n = e, \pi_1^n = e$ ，所以存在 $m \in Z^+$，使得 $\pi = (\pi_0^m + \pi_1^m)\pi_2$.

（a）当 $(m,n) = 1$ 时，

（i）n 是偶数时，$c[(\pi_0^m + \pi_1^m)\pi_2] = 2$ ，这时 $\chi(g, \pi, k) = k^2$ ；

（ii）n 是奇数时，$c[(\pi_0^m + \pi_1^m)\pi_2] = 1$ ，这时 $\chi(g, \pi, k) = k$.

（b）$(m,n) = d, 2 \le d \le n$ ，且当 $\dfrac{n}{d}$ 是偶数时，$c(\pi) = 2d$ ，当 $\dfrac{n}{d}$ 是奇数时，$c(\pi) = d$.

综上可知，当 n 是奇数时，$\dfrac{n}{d}$ 不能是偶数，所以 $g / \pi \cong O_d$ ，这时 $\chi(g, \pi, k) = k^d$. 当 n 是偶数且 $\dfrac{n}{d}$ 是偶数时，$g / \pi \cong O_{2d}$ ，这时 $\chi(g, \pi, k) = \chi(g / \pi, k) = \chi(O_{2d}, k) = k^{2d}$ ，所以当 $1 \le d \le n$ 时，

$$\chi(g, \pi, k) = \chi(O_{2d}, k) = k^{2d},$$

当 n 是偶数且 $\dfrac{n}{d}(2 \le d \le n)$ 是奇数时，$g / \pi \cong O_d, \chi(g, \pi, k) = k^d$.

（3）若 $\pi \in D_n^f + D_{n'}^f$ ，

（a）当 n 是偶数时，$\dfrac{n}{2}$ 个 π 使得 $g / \pi \cong O_n$ ，所以

$$\chi(g, \pi, k) = \chi(O_n, k) = k^n,$$

另外 $\dfrac{n}{2}$ 个 π ，使得 $g / \pi \cong O_{n+2}$ ，所以

$$\chi(g, \pi, k) = \chi(O_{n+2}, k) = k^{n+2}.$$

（b）当 n 是奇数时，n 个 π 使得

$$g / \pi \cong O_{n+1}, \chi(g, \pi, k) = \chi(O_{n+1}, k) = k^{n+1}.$$

（4）若 $\pi \in (D_n^f + D_{n'}^f)\pi_2$ ，无论 n 是奇数还是偶数，都有 n 个 π 使得 $g / \pi \cong O_n$ ，所以

$$\chi(g,\pi,k) = \chi(O_n,k) = k^n.$$

综上可得，当 n 是偶数时，

（a）$\dfrac{n}{d}$ 是偶数时，

$$\chi_P(G,k) = \frac{1}{4n}[\sum_{d|n}\varphi(\frac{n}{d})k^{2d} + \sum_{d|n}\varphi(\frac{n}{d})k^{2d} + \frac{n}{2}k^n + \frac{n}{2}k^{n+2} + nk^n]$$

$$= \frac{1}{4n}[2\sum_{d|n}\varphi(\frac{n}{d})k^{2d} + \frac{n}{2}k^n(k^2+3)].$$

（b）$\dfrac{n}{d}$ 是奇数时，

$$\chi_P(G,k) = \frac{1}{4n}[\sum_{d|n}\varphi(\frac{n}{d})k^{2d} + \sum_{d|n,d\neq 1}\varphi(\frac{n}{d})k^d + \frac{n}{2}k^n + \frac{n}{2}k^{n+2} + nk^n]$$

$$= \frac{1}{4n}[\sum_{d|n}\varphi(\frac{n}{d})k^{2d} + \sum_{d|n,d\neq 1}\varphi(\frac{n}{d})k^d + \frac{n}{2}k^n(3+k^2)].$$

当 n 是奇数时，

$$\chi_P(G,k) = \frac{1}{4n}[\sum_{d|n}\varphi(\frac{n}{d})k^{2d} + \sum_{d|n}\varphi(\frac{n}{d})k^d + nk^{n+1} + nk^n]$$

$$= \frac{1}{4n}[\sum_{d|n}\varphi(\frac{n}{d})k^d(k^d+1) + nk^n(k+1)].$$

棱柱图 H 的对偶图是两轴心不相邻的的双轴轮图，所以求棱柱图 H 的面着色的色轨道多项式，只需求两轴心不相邻的双轴轮图的色轨道多项式即可. 它的求法与两轴心相邻的双轴轮图的色轨道多项式的求法一样，所以这里只需讨论其中一种. 下面讨论一下两轴心相邻的的双轴轮图在不同约束条件下的色轨道多项式.

4.4 双轴轮图的着色问题

双轴轮图 $W_n = (C_n \vee K_1) \vee K_1$ 表示 $n+2$ 阶的轮，C_n 上的点记为 $1,2,\cdots,n$, 两轴心记为 $n+1,n+2$. 根据两轴心动与不动，有以下置换: $(n+1)+(n+2)$, $(n+1)+(n+2)+D_n^f$, $(n+1,n+2)+D_n^r$, $(n+1,n+2)+D_n^f$ 所以 $|A(W_n)| = 4n$.

引理 4.4.1 若 $G = G_1 \cup G_2, G_1 \cap G_2 = K_r$, 则

$$\chi(G,k) = \chi(G_1,k) \cdot \chi(G_2,k) / [k(k-1)\cdots(k-r+1)].$$

引理 4.4.2 若 $H = G \vee K_1$, 则 $\chi(H,k) = k \cdot \chi(G,k-1)$.

推论 4.4.1 双轴轮图 W_n 的色多项式为

(1) 当两轴心相邻时, $\chi(W_n,k) = k(k-1)[(k-3)^n + (-1)^n(k-3)]$;

(2) 当两轴心不相邻时,

$$\chi(W_n,k) = k(k-1)[(k-3)^n + (-1)^n(k-3)] + k[(k-2)^n + (-1)^n(k-2)].$$

证 (1) W_n 表示 $n+2$ 的双轴轮, 当两轴心相邻时 $W_n = (C_n \vee K_1) \vee K_1$, 所以

$$\chi(W_n,k) = \chi(C_n \vee K_1 \vee K_1,k) =,k-1) = k(k-1)\chi(C_n,k-2)$$
$$= k(k-1)[(k-3)^n + (-1)^n(k-3)]$$

(2) 当两轴心不相邻时, 根据两轴心可着相同色也可着不同色, 有

$$\chi(W_n,k) = \chi(C_n \vee K_1 \vee K_1,k) + \chi(C_n \vee K_1,k)$$
$$= k(k-1)[(k-3)^n + (-1)^n(k-3)] + k\chi(C_n,k-1)$$
$$= k(k-1)[(k-3)^n + (-1)^n(k-3)] + k[(k-2)^n + (-1)^n(k-2)]$$

当 C_n 换成 P_n 时, 记为图 G, 同理可得:

(1) 当两轴心相邻时, $\chi(G,k) = k(k-1)(k-2)(k-3)^{n-1}$;

(2) 当两轴心不相邻时,

$$\chi(G,k) = k(k-1)(k-2)(k-3)^{n-1} + k(k-1)(k-2)^{n-1}.$$

定理4.4.1 (双轴轮中相邻顶点着不同色的方法数)

设 $G \cong W_n$ 是 $g \in G_{n+2}$ 的无标号图, $P = A(g)$, 则

当 n 为奇数时,

$$\chi_P(G,k) = \frac{1}{4n}[\sum_{d|n,d \neq 1} \varphi(\frac{n}{d})k(k-1)[(k-3)^d + (-1)^d(k-3)] ;$$

当 n 为偶数时,

$$\chi_P(G,k) = \frac{1}{4n}\{\sum_{d|n,d \neq 1} \varphi(\frac{n}{d})k(k-1)[(k-3)^d + (-1)^d(k-3)] + \frac{n}{2}k(k-1)(k-2)(k-3)^{\frac{n}{2}}\}.$$

证 因为 $P = A(g)$, 所以 $P \cap A(g) = P$ 且 $|P| = 4n$, 分情况讨论:

(1) 若 $\pi \in (n+1) + (n+2) + D_n^r$, 设 $\pi_0 = (1\ 2 \cdots\ n)(n+1)(n+2)$, 则 $\pi_0^n = e$. 所以存在 $m \in Z^+$, 使得 $\pi = \pi_0^m$.

(a) 若 $(m,n) = 1$, 则 $c(\pi_0^m) = 3$, 所以 $\chi(g,\pi_0^m,k) = 0$;

(b) 若 $(m,n) = d, 2 \leqslant d \leqslant n$ 时, π_0^m 的阶是 $\frac{n}{d}$, 所以 $c(\pi_0^m) = d+2$. 而 π_0^m 中除了 $(n+1),(n+2)$ 循环外, 其余循环都是正则的, 因此, $g / \pi_0^m \cong (C_d \vee K_1) \vee K_1 = W_d$, 因为 $(m,d) = d \geqslant 2$, 所以, π_0^m 的各个循环节中都不含 g 的相邻顶点, 这时,

$$\chi(g,\pi_0^m,k) = \chi(g / \pi_0^m,k) = \chi(W_d,k) = k(k-1)[(k-3)^d + (-1)^d(k-3)].$$

（2）若 $\pi \in (n+1)+(n+2)+D_n^f$ ，

（a）若 n 为奇数时，则必存在 π 的一个循环节含 g 的相邻顶点，这时 $\chi(g,\pi,k)=0$ ；

（b）若 n 为偶数时，则在 $(n+1)+(n+2)+D_n^f$ 中有 $\frac{n}{2}$ 个 π 中含 g 的相邻顶点，这时

$\chi(g,\pi,k)=0$ ，另外 $\frac{n}{2}$ 个 π 中不含 g 的相邻顶点，且 $g/\pi \cong P_{\frac{n}{2}+1} \vee K_1 \vee K_1$ ，这时

$$\chi(g,\pi,k)=\chi[P_{\frac{n}{2}+1} \vee K_1 \vee K_1,k]=k(k-1)(k-2)(k-3)^{\frac{n}{2}}$$

（3）若 $\pi \in (n+1,n+2)+D_n^r$ ，则对任意 $\pi \in (n+1,n+2)+D_n^r$ 中都存在 W_n 中的相邻顶点 $n+1,n+2$ ，所以 $\chi(g,\pi,k)=0$.

（4）若 $\pi \in (n+1,n+2)+D_n^f$ ，则对任意 $\pi \in (n+1,n+2)+D_n^f$ 中都存在 W_n 中的相邻顶点 $n+1,n+2$ ，所以 $\chi(g,\pi,k)=0$.

综上可得

当 n 为奇数时，

$$\chi_P(G,k)=\frac{1}{4n}[\sum_{d|n,d\neq 1}\varphi(\frac{n}{d})k(k-1)[(k-3)^d+(-1)^d(k-3)] ;$$

当 n 为偶数时，

$$\chi_P(G,k)=\frac{1}{4n}[\sum_{d|n,d\neq 1}\varphi(\frac{n}{d})k(k-1)[(k-3)^d+(-1)^d(k-3)]+\frac{n}{2}k(k-1)(k-2)(k-3)^{\frac{n}{2}}.$$

定理4.4.2　（双轴轮中距离大于2的点着不同色的方法数）

设 $h,g \in G_{n+2}, h \cong W_n, g \cong \overline{C_n} \cup 2K_1(n \geq 5)$ ，令 G 是构造图为 h ，约束图为 g 的SC-图，则

$$\chi_P(G,k)=\frac{1}{4n}k^2\sum_{\frac{n}{2}\leq t \leq n}\frac{n}{t}C_t^{n-t}[k]_t ，其中 [k]_t=k(k-1)\cdots(k-t+1) .$$

证　因为 $P=A(h)\subseteq A(g)$ ，所以 $P\cap A(g)=P$ 且 $|P|=4n$ ，设 $\pi_0=(1,2\cdots n)(n+1)(n+2),=\pi_1(1\ 2\ \cdots n),\pi_0=\pi_1(n+1)(n+2)$ 且 $\pi_0^n=e$ ，分情况讨论：

（1）若 $\pi \in (n+1)+(n+2)+D_n^r$ ，则必存在 $m \in \mathbb{z}^+$ ，使得 $\pi=\pi_0^m=\pi_1^m(n+1)(n+2)$ ，令 $(m,n)=d$ ，因为 π_1^m 是正则的，所以 π_1^m 的每个循环节中都含 $\frac{n}{d}$ 个顶点，且这 $\frac{n}{d}$ 个顶点以距离为 d 平均分布在 C_n 上，而 $g \cong \overline{C_n} \cup 2K_1$ ，所以对于每个 $\pi \in [(n+1)+(n+2)+D_n^r]$ ， e 均存在某个循环节含 g 的相邻顶点，这时 $\chi(g,\pi,k)=0$.

（2）若 $\pi \in (n+1)+(n+2)+D_n^f$，当 n 为奇数时，必存在 π 的某个循环节含 g 的相邻顶点，这时 $\chi(g,\pi,k)=0$。当 n 为偶数时，必存在 π 的某个循环节含 g 的相邻顶点，这时 $\chi(g,\pi,k)=0$。

（3）若 $\pi \in (n+1,n+2)+D_n^r$，则必存在 $m \in \mathbf{Z}^+$，使得 $\pi = \pi_0^m = \pi_1^m(n+1,n+2)$，令 $(m,n)=d$，因为 π_1^m 是正则的，所以 π_1^m 的每个循环节中都含 $\dfrac{n}{d}$ 个顶点，且这 $\dfrac{n}{d}$ 个顶点以距离为 d 平均分布在 C_n 上，而 $g \cong \overline{C_n} \cup 2K_1$，所以对于每个 $\pi \in [(n+1,n+2)+D_n^r]$ 均存在某个循环节含 g 的相邻顶点，这时 $\chi(g,\pi,k)=0$。

（4）若 $\pi \in (n+1,n+2)+D_n^f$，当 n 为奇数时，必存在 π 的某个循环节含 g 的相邻顶点，这时 $\chi(g,\pi,k)=0$。当 为偶数时，必存在 π 的某个循环节含 g 的相邻顶点，这时 $\chi(g,\pi,k)=0$。只有 $\pi=e$ 时 $\chi(g,\pi,k)\neq 0$。

综上可得，

$$\chi_P(G,k)=\frac{1}{|P|}\sum_{\pi\in P}\chi(g,\pi,k)=\frac{1}{4n}\chi(g,e,k)=\frac{1}{4n}\chi(\overline{C_n}\cup 2K_1)=\frac{1}{4n}k^2\sum_{\frac{n}{2}\leq t\leq n}\frac{n}{t}C_t^{n-t}[k]_t,$$

其中 $[k]_t=k(k-1)\cdots(k-t+1)$。

定理4.4.3 （双轴轮中对径点着不同色的方法数）

设 $h,g\in G_{2n+2}$，$h\cong W_{2n}=(C_{2n}\vee K_1)\vee K_1$，$g\cong(n+1)K_2$，$E(g)=\{(i,i+n)\,|\,i\in N_{2n}\}\cup\{(2n+1,2n+2)\}$，$E(h)=\{(i,i+1)\,|\,i\in N_{2n}\}\cup\{(2n+1,i)\,|\,i\in N_{2n}\}\cup\{(2n+2,i)\,|\,i\in N_{2n}\}\cup\{(2n+1,2n+2)\}$，令 G 是构造图为 h，约束图为 g 的SC-图，则

$$\chi_P(G,k)=\frac{1}{8n}\sum_{d|2n,d|n}\varphi(\frac{2n}{d})k^{\frac{d}{2}+1}(k-1)^{\frac{d}{2}+1}+n[k(k-1)]^{(\frac{n}{2}+1)}。$$

证 因为 $P=A(h)\subseteq A(g)$，所以 $P\cap A(g)=P$ 且 $|P|=8n$，分情况讨论：

（1）若 $\pi\in(2n+1)+(2n+2)+D_{2n}^r$，设

$\pi_0=(12\cdots 2n)(2n+1)(2n+2)$，$\pi_1=(12\cdots 2n)$，所以

$\pi_0=\pi_1(2n+1)(2n+2)$，且 $\pi_1^{2n}=e$，因此存在 $m\in\mathbf{Z}^+$，使得 $\pi=\pi_1^m(2n+1)(2n+2)$，

令 $(m,2n)=d$。因为 π_1^m 是正则的，所以 π_1^m 的每个循环节中必有 $\dfrac{2n}{d}$ 个顶点以距离为 d 平均分布在 C_{2n} 上，所以若 π_1^m 的循环节中含 g 的相邻顶点时 $d\,|\,n$，即 $(d,n)=d$。

（a）若 $(m,2n)=d$ 且 $(d,n)=d$，则 $\chi(g,\pi_0^m,k)=0$；

（b）若 $(m,2n)=d$ 且 $(d,n)\neq d$ 时，π_0^m 的每个循环节中都不含 π_0^m 的相邻顶点，设 $g_j\cong K_2$ 是 π_0^m 的一个分支，而 g_j 中的两点在 π_0^m 的两个循环节中，所以

$g/\pi_0^m[V(g_j)] \cong K_2$，又因为 $|V(g/\pi_0^m)|=d+2$，所以 $g/\pi_0^m \cong (\dfrac{d}{2}+1)K_2$，故

$$\chi(g,\pi_0^m,k)=\chi(g/\pi_0^m,k)=\chi[(\dfrac{d}{2}+1)K_2,k]=k^{\frac{d}{2}+1}(k-1)^{\frac{d}{2}+1}g.$$

（2）若 $\pi \in (2n+1)+(2n+2)+D_{2n}^f$，

（a）若 n 为奇数时，$(2n+1)+(2n+2)+D_{2n}^f$ 中有 n 个 π 的某循环节中含 g 的相邻顶点，这时 $\chi(g,\pi,k)=0$，另外 n 个 π 中不含 g 的相邻顶点，且 $|V(g/\pi)|=n+3$，所以 $g/\pi \cong \dfrac{n+3}{2}K_2$，这时

$$\chi(g,\pi,k)=\chi(g/\pi,k)=\chi(\dfrac{n+3}{2}K_2,k)=k^{\frac{n+3}{2}}(k-1)^{\frac{n+3}{2}};$$

（b）若 n 为偶数时，$(2n+1)+(2n+2)+D_{2n}^f$ 中有 n 个 π 的某循环节中含 g 的相邻顶点，这时 $\chi(g,\pi,k)=0$，另外 n 个 π 中不含 g 的相邻顶点，且 $|V(g/\pi)|=n+2$，所以 $g/\pi \cong (\dfrac{n}{2}+1)K_2$，这时

$$\chi(g,\pi,k)=\chi(g/\pi,k)=\chi[(\dfrac{n}{2}+1)K_2,k]=k^{\frac{n}{2}+1}(k-1)^{\frac{n}{2}+1}.$$

所以当 $\pi \in (2n+1)+(2n+2)+D_{2n}^f$ 时，无论 n 是奇数还是偶数都有

$$\chi(g,\pi,k)=[k(k-1)]^{(\frac{n}{2}+1)}.$$

（3）若 $\pi \in (2n+1,2n+2)+D_{2n}^r$，则对任意 $\pi \in (2n+1,2n+2)+D_{2n}^r$ 中都存在 g 中的相邻顶点 $2n+1,2n+2$，所以 $\chi(g,\pi,k)=0$。

（4）若 $\pi \in (2n+1,2n+2)+D_{2n}^f$，则对任意 $\pi \in (2n+1,2n+2)+D_{2n}^f$ 中都存在 g 中的相邻顶点 $2n+1,2n+2$，所以 $\chi(g,\pi,k)=0$。

综上可得

$$\chi_P(G,k)=\dfrac{1}{8n}\sum_{\pi\in P}\chi(g,\pi,k)=\dfrac{1}{8n}\sum_{\pi\in P}\chi(g/\pi,k)$$

$$=\dfrac{1}{8n}[\sum_{(2n+1)+(2n+2)+D_{2n}^r}\chi(g,\pi,k)+\sum_{(2n+1)+(2n+2)+D_{2n}^f}\chi(g,\pi,k)$$

$$+\sum_{(2n+1,2n+2)+D_{2n}^r}\chi(g,\pi,k)+\sum_{(2n+1,2n+2)+D_{2n}^f}\chi(g,\pi,k)]$$

$$=\dfrac{1}{8n}[\sum_{\pi\in(2n+1)+(2n+2)+D_{2n}^r}\chi(g,\pi,k)+\sum_{\pi\in(2n+1)+(2n+2)+D_{2n}^f}\chi(g,\pi,k)]$$

$$=\{\dfrac{1}{8n}\sum_{d|2n,d|n}\varphi(\dfrac{2n}{d})k^{\frac{d}{2}+1}(k-1)^{\frac{d}{2}+1}+n[k(k-1)]^{(\frac{n}{2}+1)}\}.$$

定理4.4.5　（双轴轮中对径点与轴心均着不同色的方法数）设

$h, g \in G_{2n+2}, h \cong W_{2n} = (C_{2n} \vee K_1) \vee K_1, g \cong (nK_2 \vee K_1) \vee K_1, E(g) = \{(i, i+n) \mid i \in N_{2n}\}$
$\cup \{(2n+1, i) \mid i \in N_{2n}\} \cup \{(2n+2, i) \mid i \in N_{2n}\} \cup \{(2n+1, 2n+2)\}, E(h) = \{(i, i+1) \mid i \in N_{2n}\}$
$\cup \{(2n+1, i) \mid i \in N_{2n}\} \cup \{(2n+2, i) \mid i \in N_{2n}\} \cup \{(2n+1, 2n+2)\}$,

令 G 是构造图为 h，约束图为 g 的SC–图，则

$$\chi_P(G, k) = \frac{1}{8n} \sum_{d \mid 2n, d \mid n} \varphi(\frac{2n}{d}) k(k-1)(k-2)^{\frac{d}{2}}(k-3)^{\frac{d}{2}} + nk(k-1)[(k-2)(k-3)]^{(\frac{n}{2})}$$

证 因为 $P = A(h) \subseteq A(g)$，所以 $P \cap A(g) = P$ 且 $|P| = 8n$，分情况讨论：

(1) 若 $\pi \in (2n+1) + (2n+2) + D_{2n}^r$，设

$\pi_0 = (12 \cdots 2n)(2n+1)(2n+2), \pi_1 = (12 \cdots 2n)$，所以 $\pi_0 = \pi_1(2n+1)(2n+2)$，且 $\pi_1^{2n} = e$，因此存在 $m \in Z^+$，使得 $\pi = \pi_1^m(2n+1)(2n+2)$，令 $(m, 2n) = d$．因为 π_1^m 是正则的，所以 π_1^m 的每个循环节中必有 $\frac{2n}{d}$ 个顶点以距离为 d 平均分布在 C_{2n} 上，所以若 π_1^m 的循环节中含 g 的相邻顶点时 $d \mid n$，即 $(d, n) = d$．

(a) 若 $(m, 2n) = d$ 且 $(d, n) = d$，则 $\chi(g, \pi_0^m, k) = 0$；

(b) 若 $(m, 2n) = d$ 且 $(d, n) \neq d$ 时，π_0^m 的每个循环节中都不含 g 的相邻顶点且 $|V(g/\pi_0^m)| = d + 2$，所以 $g/\pi_0^m \cong (\frac{d}{2}K_2 \vee K_1) \vee K_1$，所以

$$\chi(g, \pi_0^m, k) = \chi(g/\pi_0^m, k) = \chi[(\frac{d}{2}K_2 \vee K_1) \vee K_1, k] = k\chi(\frac{d}{2}K_2 \vee K_1, k-1)$$

$$= k(k-1)\chi(\frac{d}{2}K_2, k-2) = k(k-1)(k-2)^{\frac{d}{2}}(k-3)^{\frac{d}{2}}$$

(2) 若 $\pi \in (2n+1) + (2n+2) + D_{2n}^f$，

(a) 若 n 为奇数时，$(2n+1) + (2n+2) + D_{2n}^f$ 中有 n 个 π 的某循环节中含 g 的相邻顶点，这时 $\chi(g, \pi, k) = 0$，另外 n 个 π 中不含 g 的相邻顶点，且 $|V(g/\pi)| = n + 3$，所以 $g/\pi \cong \frac{n+1}{2}K_2 \vee K_1 \vee K_1$，这时

$$\chi(g, \pi, k) = \chi(g/\pi, k) = \chi(\frac{n+1}{2}K_2 \vee K_1 \vee K_1, k) = k\chi(\frac{n+1}{2}K_2 \vee K_1, k-1)$$

$$= k(k-1)\chi(\frac{n+1}{2}K_2, k-2) = k(k-1)(k-2)^{\frac{n+1}{2}}(k-3)^{\frac{n+1}{2}}$$

(b) 若 n 为偶数时，$(2n+1) + (2n+2) + D_{2n}^f$ 中有 n 个 π 的某循环节 中含 g 的相邻顶点，这时 $\chi(g, \pi, k) = 0$，另外 n 个 π 中不含 g 的相邻顶点，且 $|V(g/\pi)| = n + 2$，所以 $g/\pi \cong \frac{n}{2}K_2 \vee K_1 \vee K_1$，这时

$$\chi(g,\pi,k) = \chi(g/\pi,k) = \chi(\frac{n}{2}K_2 \vee K_1 \vee K_1,k) = k\chi(\frac{n}{2}K_2 \vee K_1,k-1)$$

$$= k(k-1)\chi(\frac{n}{2}K_2,k-2) = k(k-1)(k-2)^{\frac{n}{2}}(k-3)^{\frac{n}{2}}$$

所以当 $\pi \in (2n+1)+(2n+2)+D_{2n}^f$ 时, 无论 n 是奇数还是偶数都有

$$\chi(g,\pi,k) = k(k-1)(k-2)^{[\frac{n}{2}]}(k-3)^{[\frac{n}{2}]}.$$

（3）若 $\pi \in (2n+1,2n+2)+D_{2n}^r$, 则对任意 $\pi \in (2n+1,2n+2)+D_{2n}^r$ 中都存在 g 中的相邻顶点 $2n+1,2n+2$, 所以 $\chi(g,\pi,k) = 0$.

（4）若 $\pi \in (2n+1,2n+2)+D_{2n}^f$, 则对任意 $\pi \in (2n+1,2n+2)+D_{2n}^f$ 中都存在 g 中的相邻顶点 $2n+1,2n+2$, 所以 $\chi(g,\pi,k) = 0$.

综上可得

$$\chi_P(G,k) = \frac{1}{8n}\sum_{\pi \in P}\chi(g,\pi,k) = \frac{1}{8n}\sum_{\pi \in P}\chi(g/\pi,k) = \frac{1}{8n}[\sum_{(2n+1)+(2n+2)+D_{2n}^r}\chi(g,\pi,k)$$

$$+ \sum_{(2n+1)+(2n+2)+D_{2n}^f}\chi(g,\pi,k) + \sum_{(2n+1,2n+2)+D_{2n}^r}\chi(g,\pi,k) + \sum_{(2n+1,2n+2)+D_{2n}^f}\chi(g,\pi,k)]$$

$$= \frac{1}{8n}[\sum_{\pi \in (2n+1)+(2n+2)+D_{2n}^r}\chi(g,\pi,k) + \sum_{\pi \in (2n+1)+(2n+2)+D_{2n}^f}\chi(g,\pi,k)]$$

$$= \frac{1}{8n}\sum_{d|2n,d \neq n}\varphi(\frac{2n}{d})k(k-1)(k-2)^{\frac{d}{2}}(k-3)^{\frac{d}{2}} + nk(k-1)[(k-2)(k-3)]^{[\frac{n}{2}]}.$$

定理4.4.6 （双轴轮中各顶点均着不同色的方法数）

设 $h,g \in G_{n+2}, h \cong W_n = (C_n \vee K_1) \vee K_1, g \cong K_{n+2}$, 令 G 是构造图为 h, 约束图为 g 的 SC–图, 则

$$\chi_P(G,k) = \frac{1}{4n}\prod_{i=0}^{n+1}(k-i).$$

证 因为 $g \cong K_{n+2}$, 所以 $A(g) = S_{n+2}$, 因此 $P \cap A(g) = P$ 且 $|P| = 4n$, 分情况讨论:

（1）若 $\pi \in (n+1)+(n+2)+D_n^r$ 且 $\pi \neq e$, 设 $\pi_0 = (12\cdots n)(n+1)(n+2)$, 则 $\pi_0^n = e$. 所以存在 $m \in Z^+$, 使得 $\pi = \pi_0^m$, 因为 $g \cong K_{n+2}$, 所以 π_0^m 的任意循环节中必含 g 的相邻顶点, 这时 $\chi(g,\pi_0^m,k) = 0$.

（2）若 $\pi \in (n+1)+(n+2)+D_n^f$, 对任意 π 的某一循环节中必含 g 的相邻顶点, 这时 $\chi(g,\pi,k) = 0$.

（3）若 $\pi \in (n+1,n+2)+D_n^r$, 则 π 的任意循环节中必含 g 的相邻顶点, 这时 $\chi(g,\pi,k) = 0$.

（4）若 $\pi \in (n+1,n+2) + D_n^f$，对任意 π 的某一循环节中必含 g 的相邻顶点，这时 $\chi(g,\pi,k) = 0$.只有 $\pi = e$ 时 $\chi(g,\pi,k) \neq 0$，综上可得，

$$\chi_P(G,k) = \frac{1}{4n} \sum_{\pi \in P} \chi(g,\pi,k) = \frac{1}{4n} \chi(g,k) = \frac{1}{4n} \prod_{i=0}^{n+1} (k-i).$$

定理4.4.7 （双轴轮中各顶点不受限制的着色方法数）

设 $h,g \in G_{n+2}, h \cong W_n, g \cong O_{n+2}$，令 G 是构造图为 h，约束图为 g 的SC-图，则

当 n 为奇数时，$\chi_P(G,k) = \frac{1}{4n} [\sum_{d|n} \varphi(\frac{n}{d})(k+1)k^{d+1} + n(k+1)k^{\frac{n+3}{2}}]$；

当 n 为偶数时，$\chi_P(G,k) = \frac{1}{4n} [\sum_{d|n} \varphi(\frac{n}{d})(k+1)k^{d+1} + \frac{n}{2}(k+1)^2 k^{\frac{n}{2}+1}]$.

证 因为 $g \cong O_{n+2}$，所以 $A(g) = S_{n+2}$，因此 $P \cap A(g) = P$ 且 $|P| = 4n$，设 $\pi_0 = (12 \cdots n)(n+1)(n+2), \pi_1 = (12 \cdots n), \pi_0 = \pi_1(n+1)(n+2)$ 且 $\pi_0^n = e$，分情况讨论：

（1）若 $\pi \in (n+1) + (n+2) + D_n^r$，则必存在 $m \in \mathbf{Z}^+$，使得 $\pi = \pi_0^m = \pi_1^m(n+1)(n+2)$，令 $(m,n) = d$，因为 $c(\pi_1^m) = d$，所以 $c(\pi_0^m) = d+2$，因此 $g / \pi_0^m \cong O_{d+2}$，这时
$$\chi(g,\pi,k) = \chi(g/\pi_0^m,k) = \chi(O_{d+2},k) = k^{d+2}.$$

（2）若 $\pi \in (n+1) + (n+2) + D_n^f$，当 n 为奇数时，$g/\pi \cong O_{\frac{n+1}{2}+2}$，这时 $\chi(g,\pi,k) = \chi(g/\pi,k) = \chi(O_{\frac{n+5}{2}},k) = k^{\frac{n+5}{2}}$.当 n 为偶数时，$(n+1)+(n+2)+D_n^f$ 中有 $\frac{n}{2}$ 个 π 使得 $g/\pi \cong O_{\frac{n}{2}+2}$，这时 $\chi(g,\pi,k) = \chi(g/\pi,k) = \chi(O_{\frac{n}{2}+2},k) = k^{\frac{n}{2}+2}$，另外一个 π 使得 $g/\pi \cong O_{\frac{n}{2}+3}$，这时 $\chi(g,\pi,k) = \chi(g/\pi,k) = \chi(O_{\frac{n}{2}+3},k) = k^{\frac{n}{2}+3}$.

（3）若 $\pi \in (n+1,n+2) + D_n^r$，则必存在 $m \in \mathbf{Z}^+$，使得 $\pi = \pi_0^m = \pi_1^m(n+1,n+2)$，令 $(m,n) = d$，因为 $c(\pi_1^m) = d$，所以 $c(\pi_0^m) = d+1$，因此 $g/\pi_0^m \cong O_{d+1}$，这时
$$\chi(g,\pi,k) = \chi(g/\pi_0^m,k) = \chi(O_{d+1},k) = k^{d+1}.$$

（4）若 $\pi \in (n+1,n+2) + D_n^f$，当 n 为奇数时，有 n 个 π 使得 $g/\pi \cong O_{\frac{n+3}{2}}$，这时 $\chi(g,\pi,k) = \chi(g/\pi,k) = \chi(O_{\frac{n+3}{2}},k) = k^{\frac{n+3}{2}}$；当 n 为偶数时，$(n+1)+(n+2)+D_n^f$ 中有 $\frac{n}{2}$ 个 π 使得 $g/\pi \cong O_{\frac{n}{2}+1}$，这时 $\chi(g,\pi,k) = \chi(g/\pi,k) = \chi(O_{\frac{n}{2}+1},k) = k^{\frac{n}{2}+1}$，另外 $\frac{n}{2}$ 个 π

使得 $g/\pi \cong O_{\frac{n}{2}+2}$，这时 $\chi(g,\pi,k) = \chi(g/\pi,k) = \chi(O_{\frac{n}{2}+2},k) = k^{\frac{n}{2}+2}$.

综上可得

当 n 为奇数时，$\chi_P(G,k) = \dfrac{1}{4n}[\sum_{d|n}\varphi(\dfrac{n}{d})(k+1)k^{d+1} + n(k+1)k^{\frac{n+3}{2}}]$；

当 n 为偶数时，$\chi_P(G,k) = \dfrac{1}{4n}[\sum_{d|n}\varphi(\dfrac{n}{d})(k+1)k^{d+1} + \dfrac{n}{2}(k+1)^2 k^{\frac{n}{2}+1}]$.

4.5 广义Peterson图的着色问题

Peterson图是由于一个叫Julius Peterson的人在1898年首先构造了它而取名为Peterson图. Peterson图是强正则图，强正则图则是图论中非常重要的一类图，是一个非常有效的解决图论当中很多问题的例子或者反例. Peterson图可以看作是两个都有5个节点的环，一个环中的所有节点都与另一个环中的相应节点相连. Peterson图中所有节点的度数为3，且任意两个节点之间都有3条互不相交的路. Peterson图的直径为2，即任何两个节点要么直接相连，要么通过第三个节点相连. Peterson图是对称的，从节点度数、直径和网络大小来说也是最有效的小网络. 由于Peterson图独有的和理想的性质，研究人员提出了许多基于Peterson图的网络拓扑结构.1950年，H.S.M. Coxeter对Peterson图进行广义化得出了一组新的图.1969年Mark Watkins给这些新的图取名为广义Peterson图（Generalized Peterson graphs），本文把它简称为GP图. 广义Peterson图 $GP(n,t)$ 有 $2n$ 个节点和 $3n$ 条边，其中外圈和内圈各有 n 个节点. v_i 和 u_i 分别代表外圈和内圈中的节点.

先给出广义Peterson图的定义.

定义 4.5.1[6] 设三正则图 G 的顶点集是 $V = \{u_i, v_i : 0 \le i \le n-1\}$，边集是 $E = \{v_i v_{i+1}, u_i v_i, u_i u_{i+t} : 0 \le i \le n-1\}$，其中下标取模 n 且 $n \ge 5, 0 < t < n$ 则称图 G 为广义Peterson图，记为 $GP(n,t)$. Peterson图就是 $GP(5,2)$.广义Peterson图 $GP(8,2)$ 如图4-3所示：

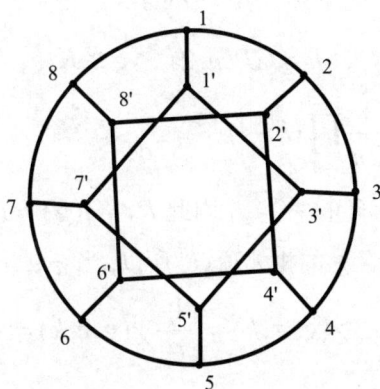

图 4-3 广义 Peterson 图

Figure 4-3 Generalized Peterson map

从定义容易得出以下结论:

（1）$GP(n,t)$ 与 $GP(n,n-t)$ 同构，即 $GP(n,t)\cong GP(n,n-t)$；

（2）$(n,t)=d$，则 $U=\{u_0,u_1,\cdots,u_{n-1}\}$ 的导出子图 $G(U)$ 是 d 个不相交的 $\dfrac{n}{d}$ 阶圈，我们称之为内圈；

（3）顶点集 $V=\{v_0,v_1,\cdots,v_{n-1}\}$ 的导出子图 $G(V)$ 是一个 n 阶圈，我们称之为外圈.

由（1）可知，我们只需研究 $t\le\left\lfloor\dfrac{n-1}{2}\right\rfloor$ 的情形，在以后的讨论中都认为 $t\le\left\lfloor\dfrac{n-1}{2}\right\rfloor$，且下标均取模 n.本文中主要考虑图 $GP(n,2)$ 在不同约束条件下的着色方法数.

定义4.5.2[1] 两个简单图 G 和 H 同构是指存在一一映射 $\psi:V(G)\to V(H)$，且 $vu\in E(G)$ 当且仅当 $\psi(v)\psi(u)\in E(H)$.

从定义可知两个同构图的结构是一样的，只是顶点的标号不同而已.

为了下面色轨道多项式的结果更清楚，我们用以下记法.

C_n，$C_{n'}$ 分别表示广义Peterson图 $GP(n,2)$ 的外圈与内圈的 n 阶标号圈图，设 $\pi_0\in D_n^r$，$\pi_0=(12\cdots n)$ 则 D_n^r 的元素记为 $\pi_0,\pi_0^2,\cdots,\pi_0^n$，其中 e 是 D_n^r 的单位元.同理，设 $\pi_1\in D_{n'}^r$，$\pi_1=(1'2'\cdots n')$ 则 $D_{n'}^r$ 的元素记为 $\pi_1,\pi_1^2,\cdots,\pi_1^n=e'$其中$e'$是 $D_{n'}^r$ 的单位元.

广义peterson图 $GP(n,2)$ 的点置换有两类:

C_n 的置换是 n 个旋转 D_n^r 和 n 个反射 D_n^f 构成，同样，$C_{n'}$ 的置换是 n 个旋转 $D_{n'}^r$ 和 n

个反射 $D_{n'}^f$ 构成.所以广义peterson图 $GP(n,t)$ 的点置换: $D_n^r + D_{n'}^r$, $D_n^f + D_{n'}^f$.

定理 4.5.1 设 $h,g \in G_{2n}$, $h \cong GP(n,2)$, $g \cong K_{2n}$, 令 G 是构造图为 h , 约束图为 g 的 $SC-$ 图, 则 $\chi_P(G,k) = \frac{1}{2n} \prod_{i=0}^{2n-1}(k-i)$.

证 因为 $g \cong K_{2n}$, 所以 $A(g) = S_{2n}$, 因此 $P \cap A(g) = P$ 且 $|P| = 2n$. 又因为 P 中除 e 外其余任何置换的循环节均含 g 的相邻顶点, 所以, 当 $\pi \neq e$ 时 $\chi(g,\pi,k) = 0$, 因此可得

$$\chi_P(G,k) = \frac{1}{|P \cap A(g)|} \sum_{\pi \in P \cap A(g)} \chi(g,\pi,k) = \frac{1}{|P|} \chi(g,e,k) = \frac{1}{2n} \chi(K_{2n},k) = \frac{1}{2n} \prod_{i=0}^{2n-1}(k-i).$$

定理 4.5.2 $h,g \in G_{2n}$, $h \cong GP(n,2)$, $g \cong O_{2n}$, 令 G 是构造图为 h , 约束图为 g 的 $SC-$ 图, 则

(1) 当 n 是偶数时, $\chi_P(G,k) = \frac{1}{2n}[\sum_{d|n} \varphi(\frac{n}{d})k^{2d} + \frac{n}{2} k^n(k^2+1)]$;

(2) 当 n 是奇数时, $\chi_P(G,k) = \frac{1}{2n}[\sum_{d|n} \varphi(\frac{n}{d})k^{2d} + nk^{n+1}]$.

证 因为 $g \cong O_{2n}$, 所以 $A(g) = S_{2n}$, 因此 $P \cap A(g) = P$ 且 $|P| = 2n$. 下面分情况讨论:

(1) 若 $\pi \in D_n^r + D_{n'}^r$, 设 $\pi_0 = (12 \cdots n)$, $\pi_1 = (1'2' \cdots n')$, 则 $\pi_0^n = e$, $\pi_1^n = e$, 所以存 $m \in Z^+$ 使得 $\pi = \pi_0^m + \pi_1^m$. 设 $(m,n) = d$, $1 \leq d \leq n$ 时, π_0^m 与 π_1^m 的阶为 $\frac{n}{d}$, 所以 $c(\pi_0^m) = c(\pi_1^m) = d$, 因此 $c(\pi) = c(\pi_0^m) + c(\pi_1^m) = 2d$, 这时 $g/\pi = O_{2d}$, 所以

$$\chi(g,\pi,k) = \chi(O_{2d},k) = k^{2d}.$$

(2) 若 $\pi \in D_n^f + D_{n'}^f$, 记 $\pi = \pi' + \pi''$,

(a) 当 n 是偶数时, π 中无循环节含 g 的相邻顶点, 且 $\frac{n}{2}$ 个 π 使得 $g/\pi \cong O_n$, 所以

$$\chi(g,\pi,k) = \chi(O_n,k) = k^n,$$

另外 $\frac{n}{2}$ 个 π , 使得 $g/\pi \cong O_{n+2}$, 所以 $\chi(g,\pi,k) = \chi(O_{n+2},k) = k^{n+2}$;

(b) 当 n 是奇数时, n 个 π 使得

$$g/\pi \cong O_{n+1}, \quad \chi(g,\pi,k) = \chi(O_{n+1},k) = k^{n+1}.$$

综上可得,

(a) 当 n 是偶数时,

$$\chi_P(G,k) = \frac{1}{|P \cap A(g)|} \sum_{\pi \in P \cap A(g)} \chi(g,\pi,k) = \frac{1}{|P|} \sum_{\pi \in P} \chi(g,\pi,k)$$

$$= \frac{1}{2n}[\sum_{d|n} \varphi(\frac{n}{d})k^{2d} + \frac{n}{2}k^n + \frac{n}{2}k^{n+2}] = \frac{1}{2n}[\sum_{d|n} \varphi(\frac{n}{d})k^{2d} + \frac{n}{2}k^n(k^2+1)];$$

（b）当 n 是奇数时，

$$\chi_P(G,k) = \frac{1}{|P \cap A(g)|} \sum_{\pi \in P \cap A(g)} \chi(g,\pi,k) = \frac{1}{|P|} \sum_{\pi \in P} \chi(g,\pi,k)$$

$$= \frac{1}{2n}[\sum_{d|n} \varphi(\frac{n}{d})k^{2d} + nk^{n+1}].$$

定理 4.5.3 设 $h,g \in G_{2n}$，$h \cong GP(n,2)$，$g \cong nK_2$，$E(g) = \{(11'),(22'),\cdots,(nn')\}$，令 G 是构造图为 h，约束图为 g 的 SC-图，则

（1）当 n 是偶数时，

$$\chi_P(G,k) = \frac{1}{2n}[\sum_{d|n} \varphi(\frac{n}{d})k^d(k-1)^d + \frac{n}{2}k^{\frac{n}{2}}(k-1)^{\frac{n}{2}}(k^2-k+1];$$

（2）当 n 是奇数时，

$$\chi_P(G,k) = \frac{1}{2n}[\sum_{d|n} \varphi(\frac{n}{d})k^d(k-1)^d + nk^{\frac{n}{2}+1}(k-1)^{\frac{n}{2}+1}].$$

证 因为 $P = A(h) \subseteq A(g)$，所以 $P \cap A(g) = P$ 且 $|P| = 2n$，下面分情况讨论：

（1）若 $\pi \in D_n^r + D_{n'}^r$，设 $\pi_0 = (12\cdots n)$，$\pi_1 = (1'2'\cdots n')$，则 $\pi_0^n = e$，$\pi_1^n = e$，所以存在 $m \in Z^+$，使得 $\pi = \pi_0^m + \pi_1^m$. 设 $(m,n) = d$，$1 \le d \le n$ 时，π_0^m 与 π_1^m 的阶为 $\frac{n}{d}$，所以 $c(\pi_0^m) = c(\pi_1^m) = d$，因此 $c(\pi) = c(\pi_0^m) + c(\pi_1^m) = 2d$，这时

$$\chi(g,\pi,k) = \chi(dK_2,k) = k^d(k-1)^d,$$

所以当 $1 \le d \le n$ 时，$\chi(g,\pi,k) = \chi(dK_2,k) = k^d(k-1)^d$.

（2）若 $\pi \in D_n^f + D_{n'}^f$，记 $\pi = \pi' + \pi''$，

（a）当 n 是偶数时，π 中无循环节含 g 的相邻顶点，且 $\frac{n}{2}$ 个 π 使得 $g/\pi \cong \frac{n}{2}K_2$，所以

$$\chi(g,\pi,k) = \chi(\frac{n}{2}K_2,k) = k^{\frac{n}{2}}(k-1)^{\frac{n}{2}}.$$

另外 $\frac{n}{2}$ 个 π 使得 $g/\pi \cong (\frac{n}{2}+1)K_2$，所以

$$\chi(g,\pi,k) = \chi[(\frac{n}{2}+1)K_2,k] = k^{\frac{n}{2}+1}(k-1)^{\frac{n}{2}+1}.$$

（b）当 n 是奇数时，π 中无循环节含 g 的相邻顶点，且 n 个 π 使得

$$g / \pi \cong \frac{n+1}{2} K_2 , \quad \chi(g,\pi,k) = \chi(\frac{n+1}{2} K_2, k) = k^{\frac{n+1}{2}} (k-1)^{\frac{n+1}{2}}$$

综上可得，

（a）当 n 是偶数时，

$$\chi_P(G,k) = \frac{1}{|P \cap A(g)|} \sum_{\pi \in P \cap A(g)} \chi(g,\pi,k) = \frac{1}{|P|} \sum_{\pi \in P} \chi(g,\pi,k)$$

$$= \frac{1}{2n} [\sum_{d|n} \varphi(\frac{n}{d}) k^d (k-1)^d + \frac{n}{2} k^{\frac{n}{2}} (k-1)^{\frac{n}{2}} + \frac{n}{2} k^{\frac{n}{2}+1} (k-1)^{\frac{n}{2}+1}]$$

$$= \frac{1}{2n} [\sum_{d|n} \varphi(\frac{n}{d}) k^d (k-1)^d + \frac{n}{2} k^{\frac{n}{2}} (k-1)^{\frac{n}{2}} (k^2 - k + 1)]$$

（b）当 n 是奇数时，

$$\chi_P(G,k) = \frac{1}{|P \cap A(g)|} \sum_{\pi \in P \cap A(g)} \chi(g,\pi,k) = \frac{1}{|P|} \sum_{\pi \in P} \chi(g,\pi,k)$$

$$= \frac{1}{2n} [\sum_{d|n} \varphi(\frac{n}{d}) k^d (k-1)^d + n k^{\frac{n+1}{2}} (k-1)^{\frac{n+1}{2}}].$$

定理 4.5.4 设 $h, g \in G_{2n}$ ， $h \cong GP(n,2)$ ， $g \cong C_n \cup C_{n'}$ ，即

$E(g) = \{\{i, i+1\} : i \in N_n\} \cup \{\{i', (i+2)'\} : i \in N_n\}$ ，令 G 是构造图为 h ，约束图为 g 的

$SC -$ 图，则

（1）当 $(m,n) = d$ ， $2 < d \leqslant n$ ， d 是偶数时，

$$\chi_P(G,k) = \frac{1}{|P \cap A(g)|} \sum_{\pi \in P \cap A(g)} \chi(g,\pi,k) = \frac{1}{|P|} \sum_{\pi \in P} \chi(g,\pi,k)$$

$$= \frac{1}{2n} \sum_{d|n,d>2} \varphi(\frac{n}{d}) [(k-1)^d + (-1)^d (k-1)][(k-1)^{\frac{d}{2}} + (-1)^{\frac{d}{2}} (k-1)]^2 ;$$

（2）当 $(m,n) = d$ ， $2 < d \leqslant n$ ， d 是奇数时，

$$\chi_P(G,k) = \frac{1}{|P \cap A(g)|} \sum_{\pi \in P \cap A(g)} \chi(g,\pi,k) = \frac{1}{|P|} \sum_{\pi \in P} \chi(g,\pi,k)$$

$$= \frac{1}{2n} \sum_{d|n,d>2} \varphi(\frac{n}{d}) [(k-1)^d + (-1)^d (k-1)]^2.$$

证　因为 $P = A(h) \subseteq A(g)$ ，因此 $P \cap A(g) = P$ 且 $|P| = 2n$ ，下面分情况讨论：

（1）若 $\pi \in D_n^r + D_{n'}^r$ ，设 $\pi_0 = (12 \cdots n)$ ， $\pi_1 = (1' 2' \cdots n')$ ，则 $\pi_0^n = e$ ， $\pi_1^n = e$ ，所以存

在 $m \in Z^+$ ，使得 $\pi = \pi_0^m + \pi_1^m$.当 $(m,n) = 1$ 时， $c(\pi) = c(\pi_0^m) + c(\pi_1^m) = 2$ ， π_0^m 与 π_1^m 中

均含 g 的相邻顶点, 这时 $\chi(g,\pi,k)=0$; 当 $(m,n)=d$, $2\le d\le n$ 时, π_0^m 与 π_1^m 的阶为 $\dfrac{n}{d}$,

所以 $c(\pi_0^m)=c(\pi_1^m)=d$, 因此 $c(\pi)=c(\pi_0^m)+c(\pi_1^m)=2d$. 图 g/π 的结构与 d 的奇偶性有关, 所以对 d 进行讨论:

(a) 当 $(m,n)=d$, $2<d\le n$ 且 d 是偶数时, $g/\pi\cong C_d\cup 2C_{\frac{d}{2}}$, 所以

$$\chi(g,\pi,k)=\chi(C_d\cup 2C_{\frac{d}{2}},k)=[(k-1)^d+(-1)^d(k-1)][(k-1)^{\frac{d}{2}}+(-1)^{\frac{d}{2}}(k-1)]^2$$

当 $d=2$ 时, π_1^m 中含 g 的相邻顶点, 这时 $\chi(g,\pi,k)=0$;

(b) 当 $(m,n)=d$, $2<d\le n$ 且 d 是奇数时, $g/\pi\cong 2C_d$, 所以

$$\chi(g,\pi,k)=\chi(2C_d,k)=[(k-1)^d+(-1)^d(k-1)]^2 .$$

(2) 若 $\pi\in D_n^f+D_{n'}^f$, 记 $\pi=\pi'+\pi''$,

当 n 是偶数时, 有 $\dfrac{n}{2}$ 个 π 的 π' 中含 g 的相邻顶点, 所以 $\chi(g,\pi,k)=0$. 另外 $\dfrac{n}{2}$ 个 π 的 π'' 中含 g 的相邻顶点, 所以 $\chi(g,\pi,k)=0$. 当 n 是奇数时, n 个 π 中均含 g 的相邻顶点, 所以 $\chi(g,\pi,k)=0$. 所以无论 n 是偶数还是奇数, 都有 n 个 π 使得 $\chi(g,\pi,k)=0$.

综上可得

(1) 当 $(m,n)=d$, $2<d\le n$, d 是偶数时,

$$\chi_P(G,k)=\frac{1}{|P\cap A(g)|}\sum_{\pi\in P\cap A(g)}\chi(g,\pi,k)=\frac{1}{|P|}\sum_{\pi\in P}\chi(g,\pi,k)$$

$$=\frac{1}{2n}\sum_{d|n,d>2}\varphi(\frac{n}{d})[(k-1)^d+(-1)^d(k-1)][(k-1)^{\frac{d}{2}}+(-1)^{\frac{d}{2}}(k-1)]^2$$

(2) 当 $(m,n)=d$, $2<d\le n$, d 是奇数时,

$$\chi_P(G,k)=\frac{1}{|P\cap A(g)|}\sum_{\pi\in P\cap A(g)}\chi(g,\pi,k)=\frac{1}{|P|}\sum_{\pi\in P}\chi(g,\pi,k)$$

$$=\frac{1}{2n}\sum_{d|n,d>2}\varphi(\frac{n}{d})[(k-1)^d+(-1)^d(k-1)]^2 .$$

定理 4.5.5 设 $h,g\in G_{2n}$, $h\cong GP(n,2)$, $g\cong C_n\cup nK_1$,

$E(g)=\{\{i,i+1\}:i\in N_n\}$, 令 G 是构造图为 h , 约束图为 g 的 $SC-$图, 则

(1) 当 n 是偶数时,

$$\chi_P(G,k)=\frac{1}{2n}\sum_{d|n,d\ne 1}\varphi(\frac{n}{d})[(k-1)^d+(-1)^d(k-1)]k^d+\frac{n}{2}k^{\frac{n}{2}+2}(k-1)^{\frac{n}{2}} ;$$

(2) 当 n 是奇数时,

$$\chi_P(G,k)=\frac{1}{2n}\sum_{d|n,d\neq 1}\varphi(\frac{n}{d})[(k-1)^d+(-1)^d(k-1)]k^d.$$

证 因为 $P=A(h)\subseteq A(g)$，因此 $P\cap A(g)=P$ 且 $|P|=2n$，下面分情况讨论：

（1）若 $\pi\in D_n^r+D_{n'}^r$，设 $\pi_0=(12\cdots n)$，$\pi_1=(1'2'\cdots n')$，则 $\pi_0^n=e$，$\pi_1^n=e$，所以存在 $m\in Z^+$，使得 $\pi=\pi_0^m+\pi_1^m$. 当 $(m,n)=1$ 时，$c(\pi_0^m)=1$，$c(\pi_1^m)=1$，π_0^m 中均含 g 的相邻顶点，这时 $\chi(g,\pi,k)=0$；当 $(m,n)=d$，$2\leq d\leq n$ 时，π_0^m 与 π_1^m 的阶为 $\frac{n}{d}$，所以 $c(\pi_0^m)=c(\pi_1^m)=d$，且 $g/\pi\cong C_d\cup dK_1$，故

$$\chi(g,\pi,k)=\chi(C_d\cup dK_1,k)=[(k-1)^d+(-1)^d(k-1)]k^d.$$

（2）若 $\pi\in D_n^f+D_{n'}^f$，记 $\pi=\pi'+\pi''$，

当 n 是偶数时，有 $\frac{n}{2}$ 个 π 的 π' 中含 g 的相邻顶点，所以 $\chi(g,\pi,k)=0$.

另外 $\frac{n}{2}$ 个 π 中不含 g 的相邻顶点，且 $g/\pi\cong P_{\frac{n}{2}+1}\cup(\frac{n}{2}+1)K_1$，故

$$\chi(g,\pi,k)=\chi(P_{\frac{n}{2}+1}\cup(\frac{n}{2}+1)K_1,k)=[k(k-1)^{\frac{n}{2}}]k^{\frac{n}{2}+1}.$$

当 n 是奇数时，n 个 π 中均含 g 的相邻顶点，所以 $\chi(g,\pi,k)=0$.

综上可得，

（1）当 n 是偶数时，

$$\chi_P(G,k)=\frac{1}{|P\cap A(g)|}\sum_{\pi\in P\cap A(g)}\chi(g,\pi,k)=\frac{1}{|P|}\sum_{\pi\in P}\chi(g,\pi,k)$$

$$=\frac{1}{2n}\sum_{d|n,d\neq 1}\varphi(\frac{n}{d})[(k-1)^d+(-1)^d(k-1)]k^d+\frac{n}{2}[k(k-1)^{\frac{n}{2}}]k^{\frac{n}{2}+1}$$

$$=\frac{1}{2n}\sum_{d|n,d\neq 1}\varphi(\frac{n}{d})[(k-1)^d+(-1)^d(k-1)]k^d+\frac{n}{2}k^{\frac{n}{2}+2}(k-1)^{\frac{n}{2}};$$

（2）当 n 是奇数时，

$$\chi_P(G,k)=\frac{1}{|P\cap A(g)|}\sum_{\pi\in P\cap A(g)}\chi(g,\pi,k)=\frac{1}{|P|}\sum_{\pi\in P}\chi(g,\pi,k)$$

$$=\frac{1}{2n}\sum_{d|n,d\neq 1}\varphi(\frac{n}{d})[(k-1)^d+(-1)^d(k-1)]k^d.$$

定理4.5.6 设 $h,g\in G_{2n}$，$h\cong GP(n,2)$，$g\cong C_{n'}\cup nK_1$，$E(g)=\{[i',(i+2)']:i'\in N_n\}$，令 G 是构造图为 h，约束图为 g 的 $SC-$图，则

（1）当 n 是偶数时

(a)　是偶数时，

$$\chi_P(G,k)=\frac{1}{2n}\{\sum_{d|n,d>2}\varphi(\frac{n}{d})k^d[(k-1)^{\frac{d}{2}}+(-1)^{\frac{d}{2}}(k-1)]^2$$

$$+\frac{n}{2}k^{\frac{n}{2}}[(k-1)^{\frac{n}{2}}+(-1)^{\frac{n}{2}}(k-1)]\}$$

(b)　d 是奇数时，

$$\chi_P(G,k)=\frac{1}{2n}\{\sum_{d|n,d>2}\varphi(\frac{n}{d})k^d[(k-1)^d+(-1)^d(k-1)]$$

$$+\frac{n}{2}k^{\frac{n}{2}}[(k-1)^{\frac{n}{2}}+(-1)^{\frac{n}{2}}(k-1)]\}$$

（2）当 n 是奇数时，d 也是奇数，所以

$$\chi_P(G,k)=\frac{1}{2n}\sum_{d|n,d>2}\varphi(\frac{n}{d})k^d[(k-1)^d+(-1)^d(k-1)].$$

证　因为 $P=A(h)\subseteq A(g)$，因此 $P\cap A(g)=P$ 且 $|P|=2n$，下面分情况讨论：

（1）若 $\pi\in D_n^r+D_{n'}^r$，设 $\pi_0=(12\cdots n)$，$\pi_1=(1'2'\cdots n')$，则 $\pi_0^n=e$，$\pi_1^n=e$，所以存在 $m\in Z^+$，使得 $\pi=\pi_0^m+\pi_1^m$．当 $(m,n)=1$ 时，$c(\pi)=c(\pi_0^m)+c(\pi_1^m)=2$，$\pi_0^m$ 与 π_1^m 中均含 g 的相邻顶点，这时 $\chi(g,\pi,k)=0$；当 $(m,n)=d$，$2\le d\le n$ 时，π_0^m 与 π_1^m 的阶为 $\frac{n}{d}$，所以 $c(\pi_0^m)=c(\pi_1^m)=d$，因此 $c(\pi)=c(\pi_0^m)+c(\pi_1^m)=2d$．图 g/π 的结构与 d 的奇偶性有关，所以对 d 进行讨论：

(a) 当 $(m,n)=d$，$2<d\le n$ 且 d 是偶数时，$g/\pi\cong dK_1\cup 2C_{\frac{d}{2}}$，所以

$$\chi(g,\pi,k)=\chi(dK_1\cup 2C_{\frac{d}{2}},k)=k^d[(k-1)^{\frac{d}{2}}+(-1)^{\frac{d}{2}}(k-1)]^2.$$

当 $d=2$ 时，π_1^m 中含 g 的相邻顶点，这时 $\chi(g,\pi,k)=0$．

(b) 当 $(m,n)=d$，$2<d\le n$ 且 d 是奇数时，$g/\pi\cong dK_1\cup C_d$，所以

$$\chi(g,\pi,k)=\chi(dK_1\cup C_d,k)=k^d[(k-1)^d+(-1)^d(k-1)].$$

（2）若 $\pi\in D_n^f+D_{n'}^f$，记 $\pi=\pi'+\pi''$，

(a) 当 n 是偶数时，有 $\frac{n}{2}$ 个 π 的 π'' 中含 g 的相邻顶点，所以 $\chi(g,\pi,k)=0$．另外 $\frac{n}{2}$ 个 π 中不含 g 的相邻顶点，且 $g/\pi\cong\frac{n}{2}K_1\cup C_{\frac{n}{2}}$．所以

$$\chi(g,\pi,k) = \chi(\frac{n}{2}K_1 \cup C_{\frac{n}{2}}, k) = k^{\frac{n}{2}}[(k-1)^{\frac{n}{2}} + (-1)^{\frac{n}{2}}(k-1)];$$

(b) 当 n 是奇数时，π 中均含 g 的相邻顶点，所以 $\chi(g,\pi,k) = 0$.

因为当 d 是偶数时 n 不可能是奇数，只能取偶数.当 d 是奇数时 n 是奇数或偶数均可.所以有

（1）当 n 是偶数时

(a) d 是偶数，

$$\chi_P(G,k) = \frac{1}{|P \cap A(g)|} \sum_{\pi \in P \cap A(g)} \chi(g,\pi,k) = \frac{1}{|P|} \sum_{\pi \in P} \chi(g,\pi,k)$$

$$= \frac{1}{2n}\{ \sum_{d|n, d>2} \varphi(\frac{n}{d})k^d[(k-1)^{\frac{d}{2}} + (-1)^{\frac{d}{2}}(k-1)]^2$$

$$+ \frac{n}{2}k^{\frac{n}{2}}[(k-1)^{\frac{n}{2}} + (-1)^{\frac{n}{2}}(k-1)]\};$$

(b) d 是奇数，

$$\chi_P(G,k) = \frac{1}{|P \cap A(g)|} \sum_{\pi \in P \cap A(g)} \chi(g,\pi,k) = \frac{1}{|P|} \sum_{\pi \in P} \chi(g,\pi,k)$$

$$= \frac{1}{2n}\{ \sum_{d|n, d>2} \varphi(\frac{n}{d})k^d[(k-1)^d + (-1)^d(k-1)]$$

$$+ \frac{n}{2}k^{\frac{n}{2}}[(k-1)^{\frac{n}{2}} + (-1)^{\frac{n}{2}}(k-1)]\}.$$

（2）当 n 是奇数时，d 也是奇数，所以

$$\chi_P(G,k) = \frac{1}{|P \cap A(g)|} \sum_{\pi \in P \cap A(g)} \chi(g,\pi,k) = \frac{1}{|P|} \sum_{\pi \in P} \chi(g,\pi,k)$$

$$= \frac{1}{2n} \sum_{d|n, d>2} \varphi(\frac{n}{d})k^d[(k-1)^d + (-1)^d(k-1)].$$

4.6 Mǒbius梯的着色问题

我们先讨论Mǒbius梯的自同构群与色多项式.

Mǒbius梯 M_n：嵌入在Mǒbius带上的图，通过反向粘接 $1 \times n$ 棋盘图的两条对立的垂直边而得到，如下图4-4所示：

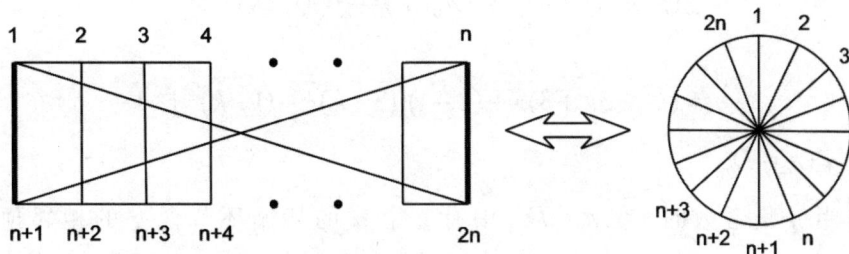

图 4-4 Mŏbius 梯

从图中可以看出 $V(M_n)=\{1,2,\cdots,2n\}$ ， $E(M_n)=\{(i,j):|i-j|=1,n,2n-1$ 且 $i,j\in N_{2n}\}$ ，Mŏbius 梯的外环记为 C_{2n} ， $E(C_{2n})=\{(i,j):|i-j|=1,2n-1,$ 且 $i,j\in N_{2n}\}$ 所以 $A(M_n)=D_{2n}^r\cup D_{2n}^f$ ．设 $\pi_0\in D_{2n}^r$ ， $\pi_0=(12\cdots2n)$ 则 D_n^r 的元素记为 $\pi_0,\pi_0^2,\cdots,\pi_0^{2n}=e$ ，其中 e 是 D_{2n}^r 的单位元．容易看出 $|D_{2n}^f|=2n$ ．

接下来将给出 Mŏbius 梯在不同约束条件下的着色问题．

定理 4.6.1 （Mŏbiuss 梯 M_n 的相邻顶点着不同色的方法数）

设 $G\cong M_n$ 是 $g\in G_{2n}$ 的无标号图， $P=A(g)$ 则

（1）当 n 是奇数时，

$$\chi_P(G,k)=\frac{1}{4n}\{\sum_{d|2n,d|n}\varphi(\frac{2n}{d})[(k^2-3k+3)^{\frac{d}{2}}+(k-1)(3-k)^{\frac{d}{2}}$$

$$+(1-k)^{\frac{d}{2}+1}-1]+nk(k-1)(k^2-3k+3)^{\frac{n-1}{2}}\},$$

（2）当 n 是偶数时，

$$\chi_P(G,k)=\frac{1}{4n}\sum_{d|2n,d|n}\varphi(\frac{2n}{d})[(k^2-3k+3)^{\frac{d}{2}}+(k-1)(3-k)^{\frac{d}{2}}+(1-k)^{\frac{d}{2}+1}-1].$$

证 因为 $P=A(g)$ ，所以 $P\cap A(g)=P$ 且 $|P|=4n$ ，分情况讨论：

（1）若 $\pi\in D_{2n}^r$ ，设 $\pi_0=(1\ 2\cdots2n)$ ，则 $\pi_0^{2n}=e$ ，所以必存在 $m\in Z^+$ ，使得 $\pi=\pi_0^m$ ．当 $(m,2n)=d,(1\leqslant d\leqslant2n)$ 时， π_0^m 的阶是 $\frac{2n}{d}$ ，所以 $c(\pi_0^m)=d$ ，又因为 π_0^m 是正则的，所以 π_0^m 的每个循环节中必有 $\frac{2n}{d}$ 个顶点以距离为 d 平均分布在 C_{2n} 上，所以若 π_0^m 的循环节中含 g 的相邻顶点时 $d|n$ ，即 $(d,n)=d$ ．所以 $(m,2n)=d,(1\leqslant d\leqslant2n)$ 且 $(d,n)\neq d$ 时， π_0^m 的每个循环节中都不含 g 的相邻顶点．因为 $|V(g/\pi_0^m)|=d$ ，所以 $g/\pi_0^m\cong M_{\frac{d}{2}}$ ，这时

$$\chi(g, \pi_0^m, k) = \chi(g/\pi_0^m, k) = \chi(M_{\frac{d}{2}}, k)$$

$$= (k^2 - 3k + 3)^{\frac{d}{2}} + (k-1)[(3-k)^{\frac{d}{2}} - (1-k)^{\frac{d}{2}}] - 1.$$

（2）若 $\pi \in D_{2n}^f$，

（a）当 n 是奇数时，在 $\pi \in D_{2n}^f$ 中有 n 个 π 的某循环节含 g 的相邻顶点，这时 $\chi(g, \pi, k) = 0$. 另外 n 个 π 的循环节中都不含 g 的相邻顶点，且有 $g/\pi \cong B_{\frac{n+1}{2}}$，这时

$$\chi(g, \pi, k) = \chi(g/\pi, k) = \chi(B_{\frac{n+1}{2}}, k) = k(k-1)(k^2 - 3k + 3)^{\frac{n-1}{2}}.$$

（b）当 n 是偶数时，对每个 $\pi \in D_{2n}^f$ 中均存在某一循环节含 g 的相邻顶点，这时 $\chi(g, \pi, k) = 0$.

综上可得，

（1）当 n 是奇数时，

$$\chi_P(G, k) = \frac{1}{4n} \sum_{\pi \in P} \chi(g, \pi, k) = \frac{1}{4n} \{ \sum_{d|2n, d|n} \varphi(\frac{2n}{d}) \chi(M_{\frac{d}{2}}, k) + n\chi(B_{\frac{n+1}{2}}, k) \}$$

$$= \frac{1}{4n} \{ \sum_{d|2n, d|n} \varphi(\frac{2n}{d}) [(k^2 - 3k + 3)^{\frac{d}{2}} + (k-1)(3-k)^{\frac{d}{2}}.$$

（2）当 n 是偶数时，

$$\chi_P(G, k) = \frac{1}{4n} \sum_{\pi \in P} \chi(g, \pi, k) = \frac{1}{4n} \sum_{d|2n, d|n} \varphi(\frac{2n}{d}) \chi(M_{\frac{d}{2}}, k)$$

$$= \frac{1}{4n} \sum_{d|2n, d|n} \varphi(\frac{2n}{d}) [(k^2 - 3k + 3)^{\frac{d}{2}} + (k-1)(3-k)^{\frac{d}{2}} + (1-k)^{\frac{d}{2}+1} - 1].$$

从上面的定理容易得出以下几个推论：

推论 4.6.1 设 $g \in G_{2n}$，$E(g) = \{(i, j) : |i-j| = 1, n, 2n-1, \text{且 } i, j \in N_{2n}\}$，$P = (\pi_0)$ 且 G 是 g 的 P-图，则

（1）当 n 是奇数时，

$$\chi_P(G, k) = \frac{1}{4n} \{ \sum_{d|2n, d|n} \varphi(\frac{2n}{d}) [(k^2 - 3k + 3)^{\frac{d}{2}} + (k-1)(3-k)^{\frac{d}{2}} + (1-k)^{\frac{d}{2}+1} - 1];$$

（2）当 n 是偶数时，

$$\chi_P(G, k) = \frac{1}{4n} \sum_{d|2n, d|n} \varphi(\frac{2n}{d}) [(k^2 - 3k + 3)^{\frac{d}{2}} + (k-1)(3-k)^{\frac{d}{2}} + (1-k)^{\frac{d}{2}+1} - 1].$$

推论 4.6.2 设 $g \in G_{2n}$，$g \cong K_{2n}$，$P = (\pi_0)$ 且 G 是 g 的 P-图，则

$$\chi_P(G,k) = \frac{1}{4n} \prod_{i=0}^{2n-1} (k-i).$$

推论 4.6.3 设 $g \in G_{2n}, g \cong O_{2n}$，$P = (\pi_0)$ 且 G 是 g 的 $P-$图，则

$$\chi_P(G,k) = \frac{1}{4n} \sum_{d|2n} \varphi(\frac{2n}{d}) k^d.$$

定理 4.6.2 （Möbius梯 M_n 的外环上的相邻顶点着不同色的方法数）

设 $h, g \in G_{2n}$，$h \cong M_n$，$g \cong C_{2n}$，$E(g) = \{(i,j): |i-j| = 1, 2n-1, 且 i, j \in N_{2n}\}$，$E(h) = \{(i,j): |i-j| = 1, n, 2n-1, 且 i, j \in N_{2n}\}$，令 G 是构造图为 h，约束图为 g 的 $SC-$图，则

$$\chi_P(G,k) = \frac{1}{4n} \{ \sum_{d|2n, d \neq 1} \varphi(\frac{2n}{d})[(k-1)^d + (-1)^d (k-1)] + nk(k-1)^n \}.$$

证 因为 $P = A(h) = A(g)$，所以 $P \cap A(g) = P$ 且 $|P| = 4n$，下面分情况讨论：

(1) 若 $\pi \in D_{2n}^r$，设 $\pi_0 = (1\ 2\ \cdots\ 2n)$，则 $\pi_0^{2n} = e$，所以必存在 $m \in Z^+$，使得 $\pi = \pi_0^m$.

(a) 当 $(m, 2n) = 1$ 时，π 中含 g 的相邻顶点，这时 $\chi(g, \pi, k) = 0$；

(b) 当 $(m, 2n) = d, (2 \leqslant d \leqslant 2n)$ 时，π 的循环节中均不含 g 的相邻顶点. 又因为 π_0^m 的阶是 $\frac{2n}{d}$，所以 $c(\pi_0^m) = d$，$g / \pi \cong C_d$，这时

$$\chi(g, \pi, k) = \chi(g / \pi, k) = \chi(C_d, k) = (k-1)^d + (-1)^d (k-1).$$

(2) 若 $\pi \in D_{2n}^f$ 时，D_{2n}^f 中有 n 个 π 的某循环节含 g 的相邻顶点，这时 $\chi(g, \pi, k) = 0$. 另外 n 个 π 的循环节中都不含 g 的相邻顶点，且 $g / \pi \cong P_{n+1}$，这时

$$\chi(g, \pi, k) = \chi(g / \pi, k) = \chi(P_{n+1}, k) = k(k-1)^n.$$

所以有

$$\chi_P(G,k) = \frac{1}{4n} \sum_{\pi \in P} \chi(g, \pi, k) = \frac{1}{4n} \{ \sum_{d|2n, d \neq 1} \varphi(\frac{2n}{d}) \chi(C_d, k) + n\chi(P_{n+1}, k) \}$$

$$= \frac{1}{4n} \{ \sum_{d|2n, d \neq 1} \varphi(\frac{2n}{d})[(k-1)^d + (-1)^d (k-1)] + nk(k-1)^n \}.$$

定理4.6.3 （Möbius梯 M_n 的对径点着不同色的方法数）设

$h, g \in G_{2n}, h \cong M_n, g \cong nK_2, E(g) = \{(i, i+n) | i \in N_{2n}\}, E(h) = \{(i,j) | |i-j| = 1, n, 2n-1\}$，令 G 是构造图为 h，约束图为 g 的 $SC-$图，则

$$\chi_P(G,k) = \frac{1}{4n} \{ \sum_{d|2n, d|n} \varphi(\frac{2n}{d}) k^{\frac{d}{2}} (k-1)^{\frac{d}{2}} + nk^{[\frac{n}{2}]} (k-1)^{[\frac{n}{2}]} \}.$$

证 因为 $P = A(h) \subseteq A(g)$，所以 $P \cap A(g) = P$ 且 $|P| = 4n$，分情况讨论：

（1）若 $\pi \in D_{2n}^r$，设 $\pi_0 = (1\ 2\ \cdots\ 2n)$，且 $\pi_0^{2n} = e$，因此存在 $m \in z^+$，使得 $\pi = \pi_0^m$，令 $(m, 2n) = d$．当 $d = 1$ 时 π_0^m 的循环节中含 的相邻顶点，所以 $\chi(g, \pi, k) = 0$．当 $d \geqslant 2$ 时，π_0^m 是正则的，所以 π_0^m 的每个循环节中必有 $\dfrac{2n}{d}$ 个顶点以距离为 d 平均分布在 C_{2n} 上，所以若 π_0^m 的循环节中含 g 的相邻顶点时 $d \mid n$，即 $(d, n) = d$．

（a）若 $(m, 2n) = d$ 且 $(d, n) = d$ 则 $\chi(g, \pi_0^m, k) = 0$；

（b）若 $(m, 2n) = d$ 且 $(d, n) \neq d$ 时，π_0^m 的每个循环节中都不含 g 的相邻顶点，设 $g_j \cong K_2$ 是 g 的一个分支，而 g_j 中的两点在 π_0^m 的两个循环节中，所以 $g / \pi_0^m[V(g_j)] \cong K_2$，又因为 $|V(g / \pi_0^m)| = d$，所以 $g / \pi_0^m \cong \dfrac{d}{2} K_2$，故

$$\chi(g, \pi_0^m, k) = \chi(g / \pi_0^m, k) = \chi(\dfrac{d}{2} K_2, k) = k^{\frac{d}{2}} (k-1)^{\frac{d}{2}}.$$

（2）若 $\pi \in D_{2n}^f$，

（a）若 n 为奇数时，D_{2n}^f 中有 n 个 π 的某循环节中含 g 的相邻顶点，这时 $\chi(g, \pi, k) = 0$，另外 n 个 π 中不含 g 的相邻顶点，且 $|V(g / \pi)| = n + 1$，所以 $g / \pi \cong \dfrac{n+1}{2} K_2$，这时

$$\chi(g, \pi, k) = \chi(g / \pi, k) = \chi(\dfrac{n+1}{2} K_2, k) = k^{\frac{n+1}{2}} (k-1)^{\frac{n+1}{2}};$$

（b）若 n 为偶数时，D_{2n}^f 中有 n 个 π 的某循环节中含 n 的相邻顶点，这时 $\chi(g, \pi, k) = 0$，另外 n 个 π 中不含 g 的相邻顶点，且 $|V(g / \pi)| = n$，所以 $g / \pi \cong \dfrac{n}{2} K_2$，这时

$$\chi(g, \pi, k) = \chi(g / \pi, k) = \chi(\dfrac{n}{2} K_2, k) = k^{\frac{n}{2}} (k-1)^{\frac{n}{2}}.$$

所以当 $\pi \in D_{2n}^f$ 时，无论 n 是奇数还是偶数都有

$$\chi(g, \pi, k) = [k(k-1)]^{[\frac{n}{2}]}.$$

综上可得

$$\chi_P(G, k) = \dfrac{1}{4n} \sum_{\pi \in P} \chi(g, \pi, k) \$ \chi_P(G, k) = \dfrac{1}{4n} \sum_{\pi \in P} \chi(g, \pi, k)$$

$$= \dfrac{1}{4n} \{ \sum_{d \mid 2n, d \mid n} \varphi(\dfrac{2n}{d}) k^{\frac{d}{2}} (k-1)^{\frac{d}{2}} + n k^{[\frac{n}{2}]} (k-1)^{[\frac{n}{2}]} \}.$$

定理4.6.4 （Möbius梯 M_n 的各顶点均着不同色的方法数）

设 $h,g \in G_{2n}, h \cong M_n, g \cong K_{2n}$,令 G 是构造图为 h,约束图为 g 的SC-图,则

$$\chi_P(G,k) = \frac{1}{4n} \prod_{i=0}^{2n-1} (k-i).$$

证　因为 $g \cong K_{2n}$,所以 $A(g) = S_{2n}$,因此 $P \cap A(g) = P$ 且 $|P| = 4n$,分情况讨论:

（1）若 $\pi \in D_{2n}^r$ 且 $\pi \neq e$,设 $\pi_0 = (1\ 2\ \cdots\ 2n)$,则 $\pi_0^{2n} = e$.所以存在 $m \in Z^+$,使得 $\pi = \pi_0^m$,因为 $g \cong K_{2n}$,所以 π_0^m 的任意循环节中必含 g 的相邻顶点,这时 $\chi(g, \pi_0^m, k) = 0$.

（2）若 $\pi \in D_{2n}^f$,对任意 π 的某一循环节中必含 g 的相邻顶点,这时 $\chi(g, \pi, k) = 0$.只有 $\pi = e$ 时 $\chi(g, \pi, k) \neq 0$.

综上可得

$$\chi_P(G,k) = \frac{1}{4n} \sum_{\pi \in P} \chi(g, \pi, k) = \frac{1}{4n} \chi(g,k) = \frac{1}{4n} \prod_{i=0}^{2n-1} (k-i).$$

定理4.6.5　（Möbius梯 M_n 的中各顶点不受限制的着色方法数）

设 $h,g \in G_{2n}, h \cong M_n, g \cong O_{2n}$,令 G 是构造图为 h,约束图为 g 的SC-图,则

$$\chi_P(G,k) = \frac{1}{4n} [\sum_{d|2n} \varphi(\frac{2n}{d}) k^d + n(k+1)k^n].$$

证　因为 $g \cong O_{2n}$,所以 $A(g) = S_{2n}$,因此 $P \cap A(g) = P$ 且 $|P| = 4n$,分情况讨论:

（1）若 $\pi \in D_{2n}^r$,设 $\pi_0 = (1\ 2\ \cdots\ 2n)$,则 $\pi_0^{2n} = e$,所以必存在 $m \in Z^+$,使得 $\pi = \pi_0^m$,令 $(m, 2n) = d$,因为 $c(\pi_0^m) = d$,所以 $g/\pi_0^m \cong O_d$,这时

$$\chi(g, \pi, k) = \chi(g/\pi_0^m, k) = \chi(O_d, k) = k^d;$$

（2）若 $\pi \in D_{2n}^f, D_{2n}^f$ 中有 n 个 π 使得 $g/\pi \cong O_n$,这时

$$\chi(g, \pi, k) = \chi(g/\pi, k) = \chi(O_n, k) = k^n,$$

另外 n 个 π 使得 $g/\pi \cong O_{n+1}$,

这时 $\chi(g, \pi, k) = \chi(g/\pi, k) = \chi(O_{n+1}, k) = k^{n+1}$.

综上可得

$$\chi_P(G,k) = \frac{1}{4n} \sum_{\pi \in P} \chi(g, \pi, k) = \frac{1}{4n} [\sum_{d|2n} \varphi(\frac{2n}{d}) k^d + n(k+1)k^n].$$

第五章 色轨道多项式在化学中的应用

图的计数中, 早期的计数问题是树的计数, Cayley 首先从微分学中发现了树这一结构, 后来又在化学领域里发现这种重要图形. 英国数学家布朗用图表表示分子结构, 这方法很快得到认可并大量使用, 即存在一对分子具有相同的化学分子式但化学性质却完全不同. 例如, 丁烷和异丁烷.所以就有了同分异构体的计数问题, 即给定一个化学分子式, 计算出具有这种分子式的分子个数. 其中最著名的是烷烃异构体的计数问题.

图的色轨道多项式是图的色多项式与Pólya计数公式的结合与推广, 它可以计算出在不同约束条件下的图的着色方法数. 色轨道多项式不仅能解决特殊图的部分约束着色问题, 而且它还在物理化学等领域可对各类有限模型进行计数.

本章将用图的色轨道多项式解决一些化学中的问题.

例1 环丙烷的结构图的标定图 H 如图5-1所示:

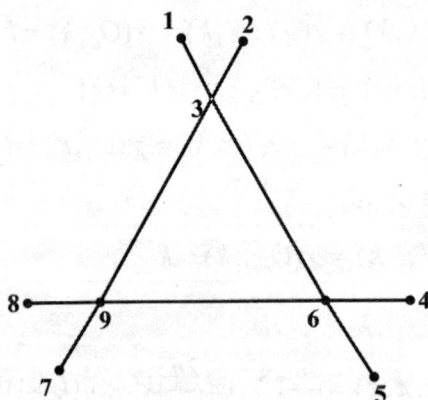

图 5-1　环丙烷的结构图的标定图

考虑一个具有如图结构的环丙烷分子, 假定每个原子有4种能态且连接同一碳原子的氢原子具有不同的能态, 试问: 此分子中有多少种不同的满足要求的能态?

解：设 $h, g \in G_9$，$h \cong H$ 且 h 的一度顶点的集合为 $A = A_1 \cup A_2 \cup A_3$，$A_1 = \{1,2\}$，$A_2 = \{4,5\}$，$A_3 = \{7,8\}$，$g \cong 3K_2 \cup 3K_1$，且 $g[A_1] \cong K_2$，$g[A_2] \cong K_2$，$g[A_3] \cong K_2$，设 G 是具有结构图为 h，约束图为 g 的 SC-图，由题意可知，所求问题是计算 $\chi_P(G,k)$．记 $A(h) = P = P_1 \cup P_2$，其中 $P_1 = \{(3)(6)(9),(396),(369)\}$，$P_2 = \{(3)(69),(6)(39),(9)(36)\}$．注意到，$A(h) \subseteq A(g)$ 且 $A(h) = 6(2!)^3 = 48$，在 $P_1 \backslash e$ 中有 8 个 π 使得 $\chi(g,\pi,k) = \chi(g/\pi,k) = \chi(K_2 \cup K_1,k) = k^2(k-1)$，在 P_2 中有 6 个 π 使得 $\chi(g,\pi,k) = \chi(g/\pi,k) = \chi(2K_2 \cup 2K_1,k) = k^4(k-1)^2$，当 $\pi = e$ 时 $\chi(g,\pi,k) = \chi(g,k) = \chi(3K_2 \cup 3K_1,k) = k^6(k-1)^3$．

所以有

$$\chi_P(G,k) = \frac{1}{|P \cap A(g)|} \sum_{\pi \in P \cap A(g)} \chi(g,\pi,k) = \frac{1}{|P|} \sum_{\pi \in P} \chi(g,\pi,k)$$

$$= \frac{1}{48}[\chi(g,k) + 8\chi(K_2 \cup K_1,k) + 6\chi(2K_2 \cup 2K_1,k)]$$

$$= \frac{1}{48}[k^6(k-1)^3 + 8k^2(k-1) + 6k^4(k-1)^2]$$

$$= \frac{1}{48}k^2(k-1)(k^6 - 2k^5 + k^4 + 6k^3 - 6k^2 + 8).$$

例2　2-丁烯分子的结构图的标定图 H 如图5-2所示：

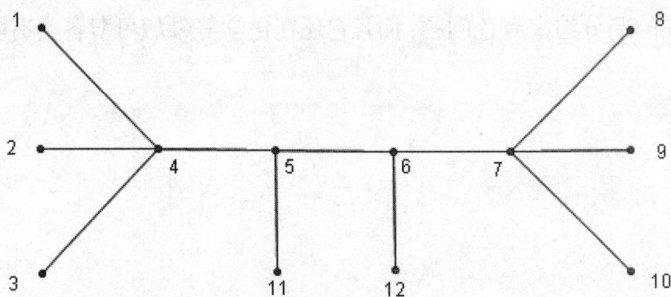

图5-2　2-丁烯分子的结构图的标定图

假设每个原子有4种能态且连接同一碳原子的氢原子具有不同的能态, 试问:此分子中有多少种不同的满足要求的能态?

解:设 $h, g \in G_{12}, h \cong H$ 且 h 的一度顶点的集合

$A = A_1 \cup A_2, A_1 = \{1,2,3\}, A_2 = \{10,11,12\}g \cong 2K_3 \cup 6K_1$，且 $g[A_1] \cong K_3, g[A_2] \cong K_3$，

设 G 是具有结构图为 h，约束图为 g 的 SC – 图，由题意可知所求问题是计算 $\chi_P(G,k)$. 记 $A(h) = P = P_1 \cup P_2$，其中

$P_1 = \{\pi \in A(h) \mid \pi(4) = 4, \pi(5) = 5, \pi(6) = 6, \pi(7) = 7\}$，

$P_2 = \{\pi \in A(h) \mid \pi(4) = 7, \pi(5) = 6, \pi(7) = 4, \pi(6) = 5\}$. 注意到，$A(h) \subseteq A(g)$ 且 $A(h) = 2(3!)^2 = 72$，对每个 $P_1 \setminus e$ 均有 $\chi(g,\pi,k) = 0$，在 P_2 中有6个 π 使得

$$\chi(g,\pi,k) = \chi(g/\pi,k) = \chi(K_3 \cup 3K_1, k) = k^4(k-1)(k-2)，$$

当 $\pi = e$ 时

$$\chi(g,\pi,k) = \chi(g,k) = \chi(2K_3 \cup 6K_1, k) = k^8(k-1)^2(k-2)^2.$$

所以有，

$$\chi_P(G,k) = \frac{1}{|P \cap A(g)|} \sum_{\pi \in P \cap A(g)} \chi(g,\pi,k) = \frac{1}{|P|} \sum_{\pi \in P} \chi(g,\pi,k)$$

$$= \frac{1}{72}[\chi(g,k) + 6\chi(K_3 \cup 3K_1, k)]$$

$$= \frac{1}{72}[\chi(2K_3 \cup 6K_1, k) + 6\chi(K_3 \cup 3K_1, k)]$$

$$= \frac{1}{72}[k^8(k-1)^2(k-2)^2 + 6k^4(k-1)(k-2)]$$

$$= \frac{1}{72}k^4(k-1)(k-2)(k^6 - 3k^5 + 2k^4 + 6).$$

本章中计算了环丙烷分子和2–丁烯分子的不同的满足要求的能态，说明了色轨道多项式不仅能解决特殊图的部分约束着色问题，而且它还在化学等领域可对各类有限模型进行计数.

第六章 $n-$ 可扩图的度和与可迹性

1957年Berge在文献[1]中首次提出 $n-$ 可扩图的问题,而自从Plumer于1980年在文献[41]中首次引入 $n-$ 可扩图的概念以来,一些学者对可扩图的度和可迹性,Hamilton性等方面进行研究,并得到一系列成果[41~43]. 2001年Kenichi Kawarabayashi,Katsuhiro Ota and Akira Saito关于 $n-$ 可扩图的度和与哈密尔顿性在文献[42]中证明了 G 是 p 阶连通的 $n-$ 可扩图且当 $\sigma_2(G) \geqslant p-n-1$ 时 G 是Hamilton图或 $n-1$ 且 $2K_1 + 3K_2 \subset G \subset K_1 + 3K_2$,并将此结论推广到 $\sigma_3(G) \geqslant \dfrac{3}{2}(p-n-1)$ 时结论仍成立.与此同时提出连通的 $n-$ 可扩图中将条件降至 $\sigma_3(G) \geqslant \dfrac{3}{2}(p-2n)-2$ 时 $n-$ 可扩图的度和与Hamiltonian性之间关系的一个猜想.1996年阿勇嘎教授在文献[43]中将度和概念推广到图的子集上,证明了顶点数 $n \geqslant 3$ 的连通图 G 有 $S \subseteq V(G)$,如果 $\sigma_3(S,G) \geqslant n$,则 S 在 G 中可迹或 $C(S,G) \geqslant P(S,G)-1$.本文在前人研究基础上,得到了一个推论和连通的 $n-$ 可扩图可迹的一个充分条件.

本章中根据三点独立集的度和[记作 $\sigma_3(G)$]讨论了 $n-$ 可扩图的可迹性. 1957年Berge在文献[1]中首次提出 $n-$ 可扩路的问题,而自从Plumer于1980年在文献[41]中首次引入 $n-$ 可扩图的概念以来,一些学者对可扩图的度和、可迹性、Hamiltonian性等方面进行研究,得到了一系列成果,详情见文献[41~43].2001年Kenichi Kawarabayashi, Katsuhiro Ota and Akira Saito在文献[42]中给出连通的 $n-$ 可扩图的度和与哈密尔顿性及该图与完全图之间的一些关系.1996年阿勇嘎教授在文献[43]中根据顶点数不小于3的连通图的度和得到图G的子图在G中可迹的一个充分条件.在以上的研究基础上,本章根据图中三点独立集的度和得到了连通的 $n-$ 可扩图可迹的一个充分条件.

6.1 基本概念和引理

定义 一个图 G 是指一个有序三元组 $(V(G), E(G), \varphi_G)$，其中 $V(G)$ 是非空的顶点集，$E(G)$ 是不与 $V(G)$ 相交的边集，而 φ_G 是关联函数，它使 G 的每条边对应于 $V(G)$ 的无序顶点对（不必相异）.

例 1. $$G = [V(G), E(G), \varphi_G]$$
其中，

$$V(G) = \{v_1, v_2, v_3, v_4\}$$
$$E(G) = \{e_1, e_2, e_3, e_4, e_5\}$$

而 φ_G 定义为

$$\varphi_G(e_1) = v_1 v_2, \quad \varphi_G(e_2) = v_1 v_3,$$
$$\varphi_G(e_3) = v_2 v_3, \quad \varphi_G(e_4) = v_1 v_1,$$
$$\varphi_G(e_5) = v_3 v_4, \quad \varphi_G(e_6) = v_1 v_4$$

如图 6-1.

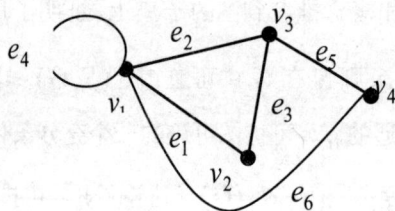

图 6-1

设图 $G = [V(G), E(G), \varphi_G]$，而 M 是 $E(G)$ 的一个子集，如果 M 中任意两条边均不邻接，则称 M 是 G 的一个匹配；如果一个匹配能覆盖图 G 的顶点集，则称其为完美匹配.

设 G 是包含一个完美匹配的 $2n+2$ 阶图，如果每个含有 n 条独立的边的集合都可以扩成 G 的一个完美匹配，则称 G 为 n-可扩图.

设 G 是图，$v \in V(G)$，与 v 相连的边的条数称为 v 的度，记为 $d(v)$.

设 G 是图，G 中点度的最小值称为 G 的最小度，记为 $\delta(G)$.

设 G 是 p 阶的 n-可扩图，$S \subset V(G)$ 是独立集，定义

$$\sigma_3(S,G) = \min\{\sum_{i=1}^{3} d(x_i) : \{x_1,x_2,x_3\} \subset S \text{ 是 } G \text{ 的独立集}\},$$

$$p(S,G) = \max\{\,|V(P)\bigcap S| : P \text{ 是 } G \text{ 的一条路}\,\},$$

$$c(S,G) = \max\{\,|V(C)\bigcap S| : C \text{ 是 } G \text{ 的圈}\,\}.$$

设 G 是图，S 是 G 的一个子集，如果 $p(S,G) = |S|$，则称 S 在 G 中可迹.

设 G 是图，S 是 G 的一个子图，C 是 G 的一个圈，如果 $|V(C)\bigcap S| = c(S,G)$，则称 C 为 S - 最长圈.

设 G 是图，S 是 G 的一个子图，C 是 G 的一个圈，H 是 $G \setminus V(C)$ 的任一分支，如果 $|V(H)\bigcap S| \leqslant 1$，则称 C 是弱 S - 控制圈。如果 $|V(H)\bigcap S| \neq 0$，则 $|V(H)| = 1$，那么 C 称 C 为强 S - 控制圈.

设 M 是 G 的一个匹配，$A,B \subset V(G)$ 定义

$$e_M(A,B) = |\{(a,b) : a \in A, b \in B, ab \in M\}|$$

设 G 是一个图，H 是 G 的一个子图，对 $x \in V(G)$，定义 $N_H(x) = \{u \in V(H) : ux \in E(G)\}$ 且 $d_H(x) = |N_H(x)|$.

设 G 是一个图，C 是 G 的一个圈，则 $\vec{C}$ 和 $\tilde{C}$ 分别表示 C 的顺时针方向和逆时针方向。设 $u,v \in V(C)$，则 $u\vec{C}v$ 表示 u 到 v 的路，$u\tilde{C}v$ 表示 v 到 u 的路。设 v 是 C 上的一个点，v^+ 和 v^- 分别表示 v 的后继点和前继点。如果 $A \subset V(C)$，则定义 $A^+ = \{v^+ : v \in A\}$，$A^- = \{v^- : v \in A\}$. $P = v_1 P v_k$ 表示以 v_1 为起点以 v_k 为终点的一条路.

只含一个点的节称为短节，否则叫长节.

引理 6.1.1[42] 设 n 是正整数，G 是 p 阶连通的 n - 可扩图，如果 $\sigma_3(G) \geqslant \frac{3}{2}(p-n-1)$ 则：

（1）G 是哈密尔顿图，或

（2）$n = 1$ 且 $2K_1 + 3K_2 \subset G \subset K_1 + 3K_2$.

猜想6.1.1[42] 设 n 是正整数，G 是 p 阶连通的 n - 可扩图，如果 $\sigma_3(G) \geqslant \frac{3}{2}(p-2n)-2$，则下列述语之一成立：

（1）G 是哈密尔顿图，

（2）$(2n+2)K_1 + (2K_1 \bigcup (2n+1)K_2) \subset G \subset K_{2n+2} + (2K_1 \bigcup (2n+1)K_2)$，

（3）G 是 $K_{2n+1} + (K_1 \bigcup (2n+1)K_2)$ 的一个导出子图，

（4）G 是 $K_{2n} + (2n+1)K_2$ 的一个导出子图，

（5）$n = 1$ 且 G 是 $K_2 + (2K_2 \bigcup K_4)$ 的一个导出子图，

（6）$n = 1$ 且 $2K_1 + (2K_2 \bigcup K_6) \subset G \subset K_2 + (2K_2 \bigcup K_6)$，

（7）$n = 1$ 且 $2K_1 + (K_2 \bigcup 2K_4) \subset G \subset K_2 + (K_2 \bigcup 2K_4)$。

引理 6.1.2[43] 设 G 是阶数 $n \geqslant 3$ 的连通图，且 $S \subseteq V(G)$．如果 $\sigma_3(S, G) \geqslant n$，则 S 在 G 中可迹或 $c(S, G) \geqslant p(S, G) - 1$．

6.2 主要结果和证明

根据引理6.1.2得到下面推论：

推论 6.2.1 设 G 是 p 阶连通的 $n -$ 可扩图，且 $S \subseteq V(G)$，如果 $\sigma_3(S, G) \geqslant n$，则 S 在 G 中可迹或 $c(S, G) \geqslant p(S, G) - 1$．

证：根据 $n -$ 可扩图的定义 $p \geqslant 2n + 2 \geqslant 4$，因此 G 是阶数 $p > 3$ 的连通图，由引理 6.1.2推论成立。

根据上面两个引理并对照猜想6.1.1，我们在2004年主要得到了下面的结果：

定理 6.2.1 设 G 是 P 阶连通的 $n -$ 可扩图，且 $S \subseteq V(G)$．如果 $\sigma_3(S, G) \geqslant \dfrac{3}{2}(p - 2n) - 4$，则 S 在 G 中可迹或 $c(S, G) \geqslant p(S, G) - 1$．

证：用反证法．设路 $P = x_0 x_1 \cdots x_m$ 是图 G 的一条路，满足下列两个条件：

（1）$|V(P) \bigcap S|$ 尽可能大；

（2）$|V(P)|$ 在条件（1）的前提下尽可能小．

假设 S 在 G 中不可迹且 $c(S, G) < p(S, G) - 1$．因为 S 不可迹，由可迹的定义，$S \setminus V(P)$ 非空令 $y \in S \setminus V(P)$，由条件（1），路 P 的两个端点一定属于 S，即 $x_0, x_m \in S$，不然与 $|V(P) \bigcap S|$ 尽可能大矛盾．而且由假设 $c(S, G) < p(S, G) - 1$．我们可以断言：G 不含满足条件 $|V(P) \setminus V(C')| \leqslant 1$ 的圈 C'（不然与 $c(S, G) > |V(C') \bigcap S| - 1 = p(S, G) - 1$，与假设矛盾）．又由断言知 $x_0 x_m \notin E(G)$，不然假设 $x_0 x_m \in E(G)$，则 G 中存在圈 $C' = x_0 \bar{p} x_m x_0$，如图6-2所示，使得 $|V(P) \setminus V(C')| = 0 < 1$，这与断言矛盾．

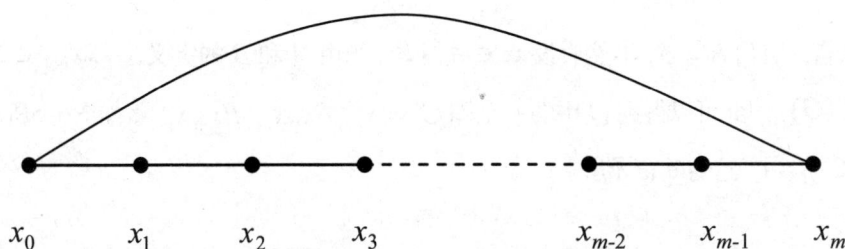

图 6-2

而且由条件(1)知 $x_0 y, x_m y \notin E(G)$. 不然假设 $x_0 y \in E(G)$ ，则 G 中存在一条比路 P 长的另一条路 $P' = y x_0 \vec{P} x_m$，如图6-3所示，这与 $|V(P) \bigcap S|$ 尽可能大矛盾.

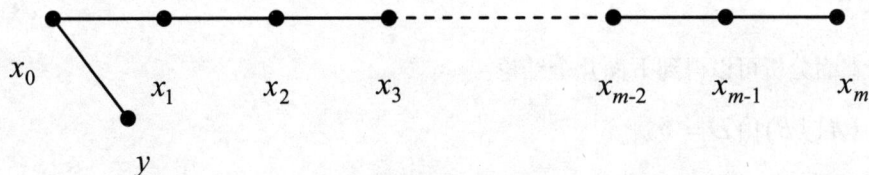

图 6-3

因此 $\{x_0, x_m, y\} \subset S$ 是 G 的一个独立集. 设 $A = N_P^-(x_0)$ ，$B = N_P^+(x_m)$ 且 $D = N_P(y)$ ，则 $|A| = d_P(x_0)$ ，$|B| = d_P(x_m)$ 且 $|D| = d_P(y)$ ，其中 $d_P(x)$ 表示点 $x \in V(G)$ 在路 P 上的邻点的个数.

我们可以证明 $A \bigcap D = \phi$ ，不然假设 $x_i \in A \bigcap D$ ，则存在一条比路 P 长的另一条路 $P' = y x_i \vec{P} x_0 x_{i+1} \bar{P} x_m$，如图6-4所示，这与条件(1)矛盾. 同样道理可以证明 $B \bigcap D = \phi$.

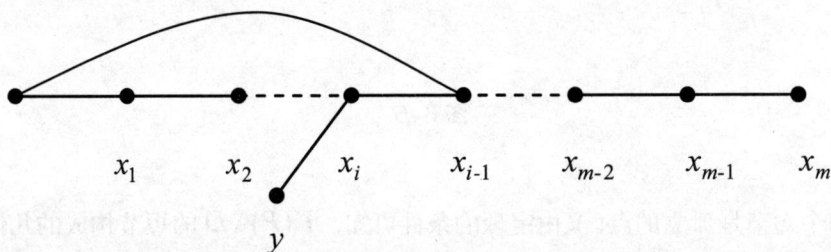

图 6-4

根据断言，$A \bigcap B = \phi$. 不然假设 $x_i \in A \bigcap B$，则由 A 和 B 的定义，$x_0 x_{i+1} \in E(G)$ 且 $x_{i-1} x_m \in E(G)$. 因此可以得到 G 中的一个圈 $C' = x_{i-1} \vec{P} x_0 x_{i+1} \bar{P} x_m x_{i-1}$，如图6-5所示，使得 $|V(P) \backslash V(C')| = 1$，这与断言矛盾.

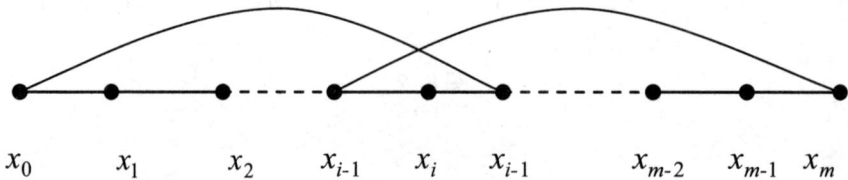

图 6-5

结合上面分析可以得到下面几个结论：

（i）$(A \bigcup B) \bigcap D = \phi$；

（ii）D 是独立集；

（iii）$A \bigcup B$ 是独立集（否则与断言矛盾）.

证明：先证结果（ii），我们只需证明 D 中的任意两点在路 P 上不相邻.用反证法.假设至少存在两点 $x_i, x_j \in D$，在路 P 上相邻，则 $x_j y \in E(G)$，则我们可以找到 G 中的一条路 $P' = x_0 \vec{P} x_i y x_j \bar{P} x_m$，如图6-6所示，使得 $|V(P') \bigcap S| > |V(P) \bigcap S|$，这与条件（1）矛盾. 因此 D 是独立集.

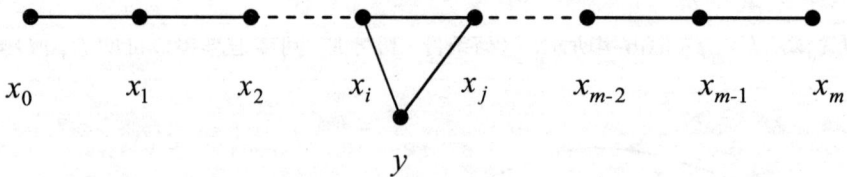

图 6-6

因为每个短节是孤立的点，又由定理的条件可知，$V(P) \backslash D$ 的短节构成的几何恰好是 $A \bigcup B$，于是结论（iii）也成立.

设 $|A| = a$，$|B| = b$ 且 $|D| = d$.子图 $P - D$ 是由路 P 的节组成. 根据结论（ii），$P - D$

共有 $d+1$ 个节.由定理条件2,每个短节对应 $A\bigcup B$ 的一个点.又因为 $A\bigcap B=\phi$,所以 $P-D$ 的短节的个数等于 $a+b$,而长节的个数等于 $d-a-b+1$.令 $P_1,P_2,\cdots,P_{d-a-b}$ 是些长节.因为 P_i 是路,所以 $|V(P_i)|\geqslant 2$,设 P_i 的起点是 p_i,终点是 q_i($0\leqslant i\leqslant d-a-b$).又因为 $|V(P_i)|\geqslant 2$,$p_i\neq q_i$($0\leqslant i\leqslant d-a-b$).令 $H=V(P)-(A\bigcup B\bigcup D)$.

下面对 $H\neq\phi$ 和 $H=\phi$ 两种情况分别进行讨论.

A. 当 $H\neq\phi$ 时.

令 $t=\min\{d-a-b+1,n\}$,$F=\{q_0q_0^+,q_1q_1^+,\cdots,q_{t-1}q_{t-1}^+\}$,其中 $q_i\in H$,$q_i^+\in D$($0\leqslant i\leqslant t-1$),则 F 是含有 t 个独立边的匹配,而 G 是 $n-$可扩图,又由 t 的定义知,$t\leqslant n$.所以根据引理6.1.2,G 也是 $t-$可扩的.因此一定存在 G 的一个完美匹配 M 包含 F.因为 $q_i\in H$ 且 $q_i\in D$($0\leqslant i\leqslant t-1$)且 $t=\min\{d-a-b+1,n\}$,所以 $e_M(H,D)\geqslant t$,而 $H\subset V(P)-A\bigcup B$.再根据定理条件2,因为 $V(P)\backslash D$ 的短节构成的集合恰好是 $A\bigcup B$,因此 $e_M(H,D)=e_M(V(P)-A\bigcup B,D)=d-a-b\geqslant 0$.这又表明 $t\leqslant d-a-b<a-a-b+1$.因此由 t 的定义,我们得 $t=n$ 和 $d-a-b\geqslant n$.因此 $H\bigcup A\bigcup B\bigcup D\subset V(P)$ 且 H,A,B 和 D 俩俩不交,于是 $|V(P)|\geqslant a+b+d+|H|$.再由 $H=V(P)-(A\bigcup B\bigcup D)$ 知 $P-D$ 的节长都是 H 的分支,而 p_i 和 q_i 分别是那些长节 P_i($0\leqslant i\leqslant d-a-b$)的起点和终点,所以 $p_i,q_i\in V(H)$ 且 $p_i\neq q_i$($0\leqslant i\leqslant d-a-b$),$\{p_0,p_1,\cdots,p_{d-a-b},q_1,q_2,\cdots,q_{d-a-b}\}\subset H$,所以

$|H|\geqslant 2(d-a-b+1)$,因此

$$|V(P)|\geqslant a+b+d+2(d-a-b+1)\geqslant a+b+d+2n+2 \text{或}$$
$$d_P(x_0)+d_P(x_m)+d_P(y)=|A|+|B|+|D|=a+b+d\leqslant |V(P)|-2n-2$$

$$\cdots\cdots\cdots①$$

再令 $A_1=N_{\overline{P}}(x_0)$,$B_1=N_{\overline{P}}(x_m)$ 和 $D_1=N_{\overline{P}}(y)$,其中 $\overline{P}=G\backslash V(P)$.根据断言,$A_1\bigcap B_1=\phi$,不然假设 $z\in A_1\bigcap B_1$,则又可以找到 G 的一个圈 $C'=x_0\overrightarrow{P}x_mzx_0$,如图6-7所示,使得 $|V(P)\backslash V(C')|=1$,这与断言矛盾.

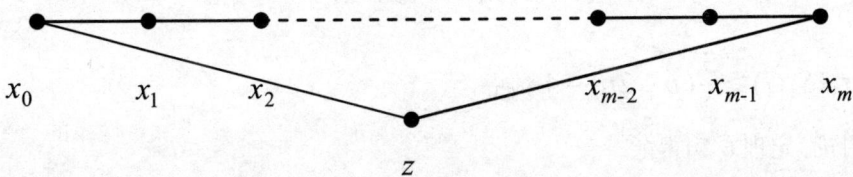

$$x_0 \quad x_1 \quad x_2 \qquad\qquad x_{m-2} \quad x_{m-1} \quad x_m$$

$$z$$

图6-7

又根据 (i) 得 $A_1 \bigcap D_1 = B_1 \bigcap D_1 = \phi$，不然假设 $z \in A_1 \bigcap D_1$，则 G 中存在比路 P 长的另一条路 $P' = yz\vec{P}x_m$，如图6-8所示. 这仍与 $|V(P) \bigcap S|$ 尽可能大的条件相矛盾.

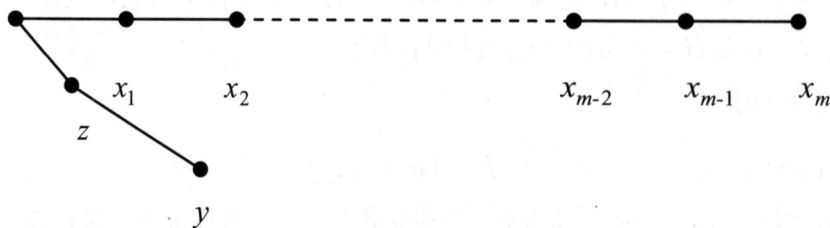

图 6-8

因此可以得到下面式子:

$$d_{\overline{P}}(x_0) + d_{\overline{P}}(x_m) + d_{\overline{P}}(y) = |A_1| + |B_1| + |D_1| =$$
$$|A_1 \bigcup B_1 \bigcup D_1| \leq |V(\overline{P}) \setminus \{y\}| = p - V(P) - 1 \cdots\cdots\cdots ②$$

相加①和②两式得

$$\sigma_3(S, G) \leq d(x_0) + d(x_m) + d(y) \leq p - 2n - 3 < \frac{3}{2}(p - 2n) - 4.$$

这与 $\sigma_3(S, G) \geq \frac{3}{2}(p - 2n) - 4$ 矛盾.

b. 当 $H = \phi$ 时.

因为 $H = V(P) - (A \bigcup B \bigcup D)$，所以 $V(P) = (A \bigcup B \bigcup D)$，而 $A \bigcap B = A \bigcap D = B \bigcap D = \phi$，因此

$$d_P(x_0) + d_P(x_m) + d_P(y) = |A| + |B| + |D| = a + b + d \leq |V(P)| \cdots\cdots\cdots ③$$

而②式仍然成立. 又因为 $p > 6(n + 1)$，相加②和③式得

$$\sigma_3(S, G) \leq d(x_0) + d(x_m) + d(y) \leq p - 1 < \frac{3}{2}(p - 2n) - 4$$

这与 $\sigma_3(S, G) \geq \frac{3}{2}(p - 2n) - 4$ 矛盾.

综上讨论, 定理 6.2.1 得证.

第七章　Hedetniemi.S 猜想与图的柱心之间的关系

　　图论中图的着色问题是人们关注的一个焦点,着色问题起源于一个最著名的猜想——四色猜想[44].英国人Guthre.F(佛朗西斯·古特里)于1852年提出四色问题(four colorproblem,亦称四色猜想),对平面或球面上任意一个地图着色,至多用四种颜色,就可以使两个相邻(即有一段公共边界)的图相或区域的颜色不相同.1976年美国数学家Hahn(哈肯)和Abel(阿贝尔)花了1200多小时的电子计算器工作时间,找到一个由1936个可约构形所组成的不可免完备集,因而在美国数学会通报上宣称证明了四色猜想.后来他们又将组成不可免完备集的可约构形减至1834个. 但至今仍没有严格的解析证明.四色问题的研究对平面图理论、代数拓扑论、有限射影几何和计算器编码程序设计等理论的发展起了推动作用.设 G , H 是图,如果存在图 G 到图 H 的映射 $f:G \to H$,对 $x,y \in V(G)$,当 $x \sim y$ 时 $f(x) \sim f(y)$,则称映射 f 是图 G 到 H 的同态映射.由此图的 $r-$ 正常着色用映射的语言叙述如下:如果 G 是 $r-$ 正常着色的,则存在图 G 到 K_r 的同态映射 $f:G \to K_r$,即 $x(G) \leqslant r$.我们可以证明,对任意两个图 G 、 H ,如果存在图 G 到 H 的同态映射,则 $x(G) \leqslant x(H)$.设 H 是正常着色的,则存在同态映射 $g:H \to K_r$,又因为存在图 G 到 H 的同态映射,设为 $f:G \to H$,则 $g \circ f$ 是 G 到 K_r 的同态映射.因为 $x,y \in V(G)$,当 $x \sim y$ 时由同态映射的定义有 $f(x) \sim f(y)$,而 $f(x),f(y) \in V(H)$,所以有 $g[f(x)] \sim g[f(y)]$.即 $g \circ f$ 是 G 到 K_r 的同态映射.所以 $x(G) \leqslant r$, 故 $x(G) \leqslant x(H)$.又因为直积 $G \times H$ 到 G , H 都存在同态映射,所以 $x(G \times H) \leqslant \min\{x(G),x(H)\}$.Hedetniemi 1966年在文献[45]中根据不等式 $x(G \times H) \leqslant \min\{x(G),x(H)\}$,提出两个图与它们直积图色数之间关系的一个猜想,即 $x(G \times H) = \min\{x(G),x(H)\}$,用代数思想研究图的着色问题. 根据以上分析可知,证明Hedetniemi猜想关键是证明不等式 $x(G \times H) \geqslant \min\{x(G),x(H)\}$.

　　Hajnal在1985年给出两个色数无限的无限图的直积图的色数却有限的例子,于是

Hedetniemi猜想对无限图不成立.因此关于猜想人们只关注有限图.到目前为止,对色数不大于4的两个图已经证明了Hedetniemi猜想成立.人们尝试用不同的方法证明Hedetniemi猜想[46~48],得到了与猜想等价的一系列命题[46~48].Benoit Larose, Claude Tardif[49]从收缩的观点研究Hedetniemi猜想,提出猜想的等价命题:完全图K_n是两个图直积的收缩当且仅当是其一因子的收缩,同时证明了对两个连通图猜想成立.所以只需考虑不连通图的情形,但是猜想至今还未被攻克.本文证明了对几类特殊的图Hedetniemi猜想的等价命题成立.

本章主要证明了对几类特殊图Hedetniemi猜想的等价命题成立. 图论中, 图的着色问题是人们关注的一个焦点,着色问题起源于最著名的猜想——四色猜想[44]. 自从英国人Guthre.F(佛朗西斯·古特里)于1852年提出四色问题之后,人们用不同的方法去攻克这一猜想,但至今还未有严格的解析证明. Hedetniemi在文献[45]中揭示了一个图的色数与直积图色数之间关系的猜想,将代数思想用于研究图的着色问题.对色数大于5的图还未证明Hedetniemi猜想成立. Benoit Larose,Claude Tardif在文献[49]中用收缩的观点研究Hedetniemi猜想,并证明了对两个连通图和顶点传递的射影的核, Hedetniemi猜想的等价命题成立.

7.1 基本概念和引理

Hedetniemi.S在1996年提出了关于图的直积图的着色猜想.我们先介绍将在下文出现的若干概念.

图G和H的直积图$G \times H$的定义如下:
$$V(G \times H) = \{(g,h) : g \in V(G), h \in V(H)\}$$
$$E(G \times H) = \{[(g,h)(g',h')] : gg' \in V(G), hh' \in V(H)\}$$

图G的一个k顶点着色是指k种颜色1, 2, $\cdots$, k对G的各顶点的一个分配;称着色是正常的,如果G的任意两个顶点都分配到不同的颜色.

如果图G有一个k顶点正常着色,则称图G是k–可着色的.

图G的色数$\chi(G)$是指G可着色的数字k的最小值.

设G是一个图, K是其一个子图,如果存在G到K的保边映射ϕ,且ϕ在K上的限制是恒等映射,则子图K称为G的一个收缩.

设G和H是两个图,如果存在$V(G)$到$V(H)$的映射f使得顶点x,y在图G中相邻当且仅当$f(x)$ $f(y)$在图H中相邻,则称映射f是图G到图H的同态映射.如果f是双射,

则 f 称为图 G 到图 H 的同构映射,记作 $G \cong H$.

设 G 是一个图, H 是其一个子图,如果存在图 G 到其子图 H 的同态映射 ϕ , ϕ 在 H 上的限制(记作 $f \upharpoonright H$)是恒等映射,则称子图 H 是 G 的一个收缩.

设 G 是一个图,如果 G 到自己的任意同态映射都是双射,则称 G 为柱心.

设 G 是一个图, G 到自己的所有同构映射做成的群称为图 G 的自同构群,记作 $Aut(G)$.

设 G 是一个图,如果 G 的自同构群在 $V(G)$ 上传递,则称 G 是顶点传递图.

设 G 是一个图, G 的 $s - $弧是指点序列($v_0, v_1, \cdots, v_s$),其中相继两点相邻且 $v_{i-1} \neq v_{i+1}$ $(0 < i < s)$.

设 G 是一个图,如果 G 的自同构群在 $s - $弧上传递,则称 G 是 $s - $弧传递图.

引理7.1.1[6]　设 K 是一个图,记 $K^n = K \times K \times \cdots \times K$,如果存在同态映射 $\varphi : K^n \to K$,使得对任意的 $u \in V(K)$ 都有 $\varphi(u, u, \cdots, u) = u$ 成立,则称 φ 是幂等的.

引理7.1.2[6]　设 K 是一个图,如果图 K^n 到 K 的同态映射都是幂等映射,则称 K 是射影图.

图的 r - 正常着色用映射的语言叙述如下:

引理7.1.3[6]　图 G 是 $r - $正常着色的,如果存在图 G 到 K_r 的同态映射 $f : G \to K_r$,即 $\chi(G) \leq r$.

根据以上引理可以得到下面的引理:

引理7.1.4[6]　对任意两个图 G 和 H ,如果存在图 G 到 H 的同态映射,则 $\chi(G) \leq \chi(H)$.

证:设 H 是 r - 正常着色的,则存在同态映射 $g : H \to K_r$,又因为存在图 G 到 H 的同态映射,设为 $f : G \to H$,则 $g \circ f$ 是 G 到 K_r 的同态映射.又因为对于 $x, y \in V(G)$,当 $x \sim y$ 时由同态映射的定义有 $f(x) \sim f(y)$,而 $f(x), f(y) \in V(H)$,所以有 $g[f(x)] \sim g[f(y)]$.即 $g \circ f$ 是 G 到 K_r 的同态映射.所以 $\chi(G) \leq r$,故 $\chi(G) \leq \chi(H)$.引理得证.

关于图的直积图的着色有以下的引理:

引理7.1.5[6]　设 G 和 H 是两个图,则 $\chi(G \times H) \leq \min\{\chi(G), \chi(H)\}$.

证明:做映射 $\varphi : V(G \times H) \to V(G)$ 使得 $\varphi(x, y) = x$,其中 $(x, y) \in V(G \times H)$, $x \in V(G)$,则 φ 是直积图 $G \times H$ 到 G 的同态映射.设 $(x_1, y_1), (x_2, y_2) \in V(G \times H)$,

则 $(x_1, y_1) \sim (x_2, y_2)$ 当且仅当 $x_1 \sim x_2$ 且 $y_1 \sim y_2$ 于图 G 中. 而 $\varphi(x_1, y_1) = x_1$, $\varphi(x_2, y_2) = x_2$. 所以 $\varphi(x_1, y_1) \sim \varphi(x_2, y_2)$. 因此 φ 是直积图 $G \times H$ 到 G 的同态映射. 做映射 ψ: $V(G \times H) \to V(H)$ 使得 $\psi(x, y) = y$, 则同理可证 ψ 是直积图 $G \times H$ 到图 H 的同态映射. 根据引理4得 $\chi(G \times H) \leq \chi(G)$ 且 $\chi(G \times H) \leq \chi(H)$, 故不等式 $\chi(G \times H) \leq \min\{\chi(G), \chi(H)\}$ 成立.

Hedetniemi 1966年在文献[7]中根据不等式 $\chi(G \times H) \leq \min\{\chi(G), \chi(H)\}$, 提出两个图与它们直积图色数之间关系的一个猜想:

猜想7.1.1[45] （Hedetniemi） $\chi(G \times H) = \min\{\chi(G), \chi(H)\}$.

根据引理5, 只需证明不等式 $\chi(G \times H) \geq \min\{\chi(G), \chi(H)\}$, Hedetniemi猜想即可得证, 然而至今还未得到证明, 于是许多专家考虑特殊图上的Hedetniemi猜想, 在这样的过程中得到了一系列的等价命题. 其中Benoit Larose, Claude Tardif 从收缩的观点研究Hedetniemi猜想, 提出了猜想的等价命题[11]:

命题7.1.1[49] 完全图 K_n 是两个图直积的收缩当且仅当是其一个因子的收缩.

该命题的同态形式即为:

设 G 和 H 是两个图, 则存在 $G \times H \to K_r$ 的同态映射 $\Leftrightarrow$ 存在 $G \to K_r$ 或 $H \to K_r$ 的同态映射.

以下是猜想与命题1等价性的简单证明:

"$\Leftarrow$"设存在 $G \to K_r$ 的同态映射, 根据引理5, $G \times H \to G$ 的同态映射, 再根据同态映射的传递性, 存在 $G \times H \to K_r$ 的同态映射.

"$\Rightarrow$"设存在 $G \times H \to K_r$ 的同态映射, 由 $\chi(G \times H) = \min\{\chi(G)\ \chi(H)\}$ 得到 $\min\{\chi(G), \chi(H)\} \leq n$, 因此有 $\chi(G) \leq r$ 或 $\chi(H) \leq r$. 即由Hedetniemi猜想成立可以推出命题1成立; 反之, 由命题1成立, 可以推出Hedetniemi猜想成立, 故Hedetniemi猜想与命题1等价.

同时Benoit Larose, Claude Tardif证明了命题1对两个连通图成立:

引理 7.1.6[49] 完全图 K_n 是两个连通图直积的收缩当且仅当是其一个因子的收缩.

由以上分析可知: 要证明 Hedetniemi猜想只需证明对不连通的图命题1也成立即可. 命题1的另一种形式为:

如果存在图 K, 使得 $G \times H \to K$ 的同态映射 $\Leftrightarrow$ 存在 $G \to K$ 或 $H \to K$ 的同态映射.

因此要攻克猜想的另一个途径是上述条件中的图 K 的存在性问题. 由于图 G 的柱心是 G 的收缩, Benoit Larose, Claude Tardif继而又证明了下面结果:

引理 7.1.7[49] 设 K 是顶点传递的柱心, 如果 K 是射影图, 则 K 的两个图直积的收缩当且仅当是其一个因子的收缩.

本文还引了一下几个引理:

引理 7.1.8[46] 设 K 是非空的素数阶的顶点传递图, 则 K 是柱心.

引理 7.1.9[49] 设 K 是有本原自同构群的柱心, 则 K 是射影的.

引理 7.1.10[6] 设 K 是连通的弧传递的非二部三正则图, 则 K 是柱心.

引理7.1.11[6] 设 K 是连通的2–弧传递的非二部图, 则 K 是柱心.

7.2 主要结果和证明

定理7.2.1 设 G 和 H 是两个连通图, K 是素数阶的顶点传递图, 则存在 $G \times H \to K$ 的同态映射 $\Leftrightarrow$ 存在 $G \to K$ 或 $H \to K$ 的同态映射.

证: 设 K 是非空的素数阶的顶点传递图, 由引理7.1.8知 K 是素数阶柱心. 又由引理7.1.9 知 K 一定是射影的, 所以根据引理7.1.7, 存在 $G \times H \to K$ 的同态映射 $\Leftrightarrow$ 存在 $G \to K$ 或 $H \to K$ 的同态映射.

定理7.2.2 设 G 和 H 是两个连通图, K 是连通的弧传递的非二部三正则图, 若 K 是映射图, 存在 $G \times H \to K$ 的同态映射 $\Leftrightarrow$ 存在 $G \to K$ 或 $H \to K$ 的同态映射.

证: 因为 K 是连通的弧传递的三正则非二部图, 由引理7.1.10 知 K 是柱心. 又因为弧传递图是顶点传递图, 所以 K 也是顶点传递图. 因此如果 K 是射影的, 根据引理7.1.7, 定理结论得证.

定理7.2.3 设 G 和 H 是两个连通图, K 是连通的 2–弧传递的非二部图, 若 K 是射影的, 则存在 $G \times H \to K$ 的同态映射 $\Leftrightarrow$ 存在 $G \to K$ 或 $H \to K$ 的同态映射.

证: 设 K 是 2–弧传递的非二部图, 由引理7.1.11, K 是柱心. 因为2–弧传递图是顶点传递图, 所以根据引理7.1.7, 定理结论成立.

参考文献

[1]   Bondy J A， Murty U S R. Graph Theory with Applications[M]. The Macmillan， Press Ltd, 1976:1–200.

[2]   Biggs N L. Algebraic Graph Theory [M].Second Edition Cambridge University Press， Cambridge, 1993:1–232.

[3]   Béla Bollobás. Modern Graph Theory [M].Springer–Verlag， New York Inc, 2001:1–262.

[4]   Biggs N. Algebraic Graph Theory [M]. Cambridge University Press, 1974: 1–234.

[5]   Chia G l. Some problems on chromatic polymials [J]. Discrete Math, 1997， 172: 39–44.

[6]   Chris Godsil, Gordon Royle.Algebraic Graph Theory[M].Springer. –Verlag, New York. Inc, 2001:1–208.

[7]   Cameron P J. Orbit–counting Polynomials for Graphs and Codes [J]. Discrete Math, 2007, （7）:1–11.

[8]   Q Y Du. Pòlya's Formula and Chromatic Oribt Polynomials [J]. Inner Mongolia Da Xue Xue Bao, 2000, 31（16）:551–561.

[9]   Q Y Du. A Generalized Form of Pòlya's Counting Method [J]. Acta mathematica Chinese Series, 2007, 50（1）:161–174.

[10]   Q Y Du. A Generalized Form of de Bruijn's Theorem[J]. Advances In Mathematics, 2008, 37（06）:729–748.

[11]   Harary. Graph Theory [M].Addison–Wesley Publishing Company, Inc, 1969:1–200.

[12]   Meredith G H J. Coefficient of Chromatic Polynomial[J]. Combin Theory Ser. B, 1972, （13）:14–17.

[13]   Nakano S， Nishizeki T， saito N. On the f–coloring of multigraphs [J].IEEE Irans circuit and Syst, 1988, 35（3）:345–353.

[14]   Rong–xia Hao, Yan–Pei Liu. On Chromatic Polynomials of Some Kinds of Graphs [J].

Mathematical Research and Exposition, 2004, 20（2）:239–246.

[15] Vizing V G. Some unsolved problems in graph[J]. Russian Math Surveys, 1968, 23: 125–142.

[16] 卢开澄, 卢华明. 组合数学[M]（第三版）.北京: 清华大学出版社, 2002:1–209.

[17] 李凡长, 康宇. 组合理论及其应用[M]. 北京: 清华大学出版社, 2005:1–196.

[18] 刘耀, 赵敦.色多项式系数的几个结果[J]. 兰州大学学报（自然科学版）, 1993, 29（3）: 49–53.

[19] 刘儒英.关于图的伴随多项式的几个结果[J].青海师范大学学报, 1992（1）:1–6.

[20] 刘儒英.图的伴随多项式[J]. 青海师范大学学报, 1992（3）:1–6.

[21] 徐俊明.图论及其应用（第二版）[M].北京: 中国科学技术大学出版社, 2004:1–190.

[22] 杜清晏, 李念祖. 论局部标定图的色多项式及其应用[J]. 内蒙古大学学报（自然科学版）, 1998, 29（5）: 624–631.

[23] 李念祖.图的色多项式系数之和问题的研究[J].运筹学学报, 2003, 7（3）:67–74.

[24] 杜清晏.非标定图的 多项式[J].内蒙古大学学报（自然科学版）, 1996, 27（5）: 601–605.

[25] 李念祖.图的色多项式理论的最新发展[J].上海第二工业大学学报, 1987,（1）: 14–20.

[26] 周永生.关于一些图的色多项式及其Read猜测的正确性[J]. 兰州理工大学学报, 1980,（2）: 1–7.

[27] 刘念祖.图的色多项式的系数之和问题的研究[J]. 运筹学学报, 2003, 7（3）: 67–74.

[28] Meredith G H J. Coefficient of Chromatic Polynomial[J]. Combin. theory, （B）.1972, （13）:14–17.

[29] Diestel R. Graph Theory[M]. Springer–Verlag, New York Inc, 2006:1–200.

[30] Watkins M E. A theorem on tait colorings with an application to generalized petersen graphs[J]. Combin. theory, 1969, 6: 152–164.

[31] Cavicchioli A, Murgolo T E, Ruini B. Special classes of snarks[J]. Acta Applicandae Mathematicae, 2003, 76:57–88.

[32] Zhang X, Liu G Z. Some graphs of class l for f–colorings[J].Appl.Math.Lett, 2008, 21 （1）:23–29.

[33]   Steffen E. Classifications and characterizations of snarks[J]. Discrete Math， 1998，
       88:183–203.

[34]   Meng X Y， Guo J H. The total chromatic number of pseudo–halin graphs with lower
       degree[J].Discrete Math, 2009, 309（4）:982–986.

[35]   Goldberg M K. Construction of class 2 graphs with maximum vertex degree 3[J]. Combin
       Theory Ser. B, 1981， 31:282–291.

[36]   Cohen J， Frmgniaud P， Gavoille C. Recognizing Knödel graphs[J]. Discrete Math，
       2002, 250: 41–62.

[37]   Fertin G， Raspaud A. A survey on Knödel graphs[J]. Discrete Applied Mathematics，
       2004, 137: 173–195.

[38]   Kempe A B. On the geographical problem of four colors[J]. Amer.J. Math, 1879， 2:
       193–200.

[39]   Zhang Z F， Cheng H. On the adjacent–vertex–strongly–distinguishing total coloring of
       graphs[J]. Sci China Ser A， 2008， 51（3）: 427–436.

[40]   Fu H L. Some results on equalized total coloring[J]. Cong.Number, 1994, 102: 111–119.

[41]   M.D.Plummer,On n–extendable graphs,Discrete Math.31（1980）. 201‑210.

[42]   Ken–ichi Kawarabayashi,Katsuhiro Ota and Akira Saito, Hamiltonian cycles in
       n–extendable graphs[J].Journal of graph theory.Nov 18 th .2001.75–82.

[43]   Ayongga.The degree sum and traceable property of subset of graphs[J]. Journal of Xi
       Dian Univercity.1996（23）.35–37.

[44]   XU Zhicai. An Approach to a Proof of the Four–colour Problem[J]. Journal of Beijing
       University of Posts and Telecommunications. Jun.2003.Vo l.26 No.2.105–112.

[45]   S.Hedetniemi.Homomorphisms of graphs and automata[J].Technical Report 03105–44–T.
       University of Michigan.（1966）

[46]   XudingZhu. A survey on hedeteniemi's conjecture[J].Tai wan journal of mathematics.
       March 1998.Vol2.No1.1–24.

[47]   Duffus.D,Sands.B.and Woodrow.R.On the chromatic number of the products of graphs,
       [J]. Graph Theory 9（1985）.487–495.

[48]   Welzl.E.Symmetric graphs and interpretations.[J].Combin. Theory Ser.B 37（1984）.235–

244.

[49] Benoit Larose,Claude Tardif.Hedeteniemi's conjecture and the retract of a product of graphs[J].Combinatorica.20（4）（2000）.531–544.

[50] El–Zahar.E and Sauer.N.The chromatic number of the product of two 4–chromatic graphs is 4[J].Combinatorica 5（1985）.121–126.

[51] 黄月梅, 阿永嘎.Hedeteniemi.S猜想与图的核之间的关系.内蒙古师范大学学报自然科学（蒙文）版.2007年.第28卷.第3期.8–10.

[52] 张桂芝, 杜清晏, 安永红.关于标K局部标定图的色轨道多项式的性质.内蒙古师范大学学报自然科学（汉文版）.2008, 37（6）.4–7

[53] 张桂芝, 安永红.双轴轮图的着色问题.内蒙古师范大学学报自然科学（蒙文）版.2009, 30（1）.7–10.

[54] 张桂芝, 安永红, 冯弢.棱柱图的着色问题.北京交通大学学报, 2012,（6）.150– 158.